国外室内设计丛书

超级图解
室内设计入门

［日］藁谷美纪（Aiprah） 著　　　［日］河村容治 审定

北京维石住工科技有限公司 译　　　　　孙力扬 审校

中国建筑工业出版社

译者序

我们需要大的变革：从设计开始，用科技改变中国住宅装修方式

本书是日本室内设计学会全力推荐，针对室内设计的入门级图书。2016年我拿到原著的时候，国内住宅装配式内装的风潮也正开始涌动，要推进装配式这种不同以往的装修方式，我认为首先要从设计开始进行变革。

纵观建筑设计界，日本设计师在这一领域一直处于领先地位；日本设计师善于从客户的角度出发，综合考虑室内空间的安全性、功能性、美观性以及空间的有效利用和节约能源，在细节方面力求完美；近些年吸引了很多国内业界人士赴日参观、考察，不论是设计理念还是设计专业知识都值得我们借鉴、学习。更重要的是，因为日本已经较早实现了工业化内装，日本设计师天然采用的就是工业化、装配化的设计方法，所以这本书也可以看作是我们掌握装配式内装设计方法的启蒙书。

装配化的基础是工业化，要实现装配化，首先要实现工业化。如何实现工业化，我认为首先要建立产品思维，从产品角度看问题。但对建筑来说，又不能机械地用汽车这样完全工业化的产品进行理解，我们需要把工业化大生产与现场施工这两个场景相结合，把工厂和工地相互看作是对方的延伸。基于这样的认识，也结合自身一直以来的工作，我在2016年和几位志同道合的合伙人创立了维石住工，用工业化和数字化的方法作为手段，以整体卫浴这一装配式内装核心部品作为入口，开始展开我们对中国装配式住宅内装全新的追求与实践工作。

随着工作的不断推进，我越来越意识到设计在产业链当中占有特殊的地位，不解决设计方法问题，仅依靠部品制造企业和施工企业的力量，推进装配式内装是非常困难的，我们需要从设计方法开始进行大的变革，这也是我决定组织力量翻译这本著作的重要推动力。

本书涵盖了从室内设计行业分类、设计元素、家具组合、色彩搭配到设计技巧、图纸绘制、模拟实践等多项专业内容，以通俗易懂的语言和直观的插图，为室内设计专业的学生以及从事室内设计工作的人群提供了系统全面的知识讲解，对提升从业者的专业水平、审美能力以及设计理念都大有裨益。我们衷心祝愿本书的引进，能够使从事装配式内装相关领域的企业以及业内人士有所收获，进而推动中国内装行业的长足健康发展。我们相信科技的力量，以工业化、装配化、数字化为代表的新技术，必将改变中国的建筑装修方式。

在此，我要特别感谢在译著过程中每一位帮助过本书的人。感谢同济大学周静敏教授给了我无私的帮助，感谢清华大学无障碍发展研究院孙力扬老师的精心校对，感谢在翻译过程中做了重要推进工作的尹红力、曹鑫珏、姜延达。感谢后期整理过程中付出努力的何钰、彭艳芳。感谢中国建筑工业出版社刘文昕，让这本书能够与更多人分享。感谢天津大学郭娟利副教授和西南交通大学黄媛副教授，给我专业指导。感谢大连理工大学苏媛副教授和我的好朋友室内设计师田丽勤，给我很多真诚的建议。感谢吉田雅德、陈玥、宋英庆、郑合阵，对我专业的支持。感谢每一位译者和校对都花了很多时间精推细敲、反复斟酌原文和译文，几经修订才使本书得以呈现在读者面前。也要感谢每一位读者的支持，希望这本书能够为大家带来思考。

曹祎杰
北京维石住工科技有限公司 创始人
2020 年 10 月

翻译成员：
尹红力 辽宁城市建设职业技术学院 讲师、工程师
曹鑫珏 美国 Abranova Real Estate 高级投资经理
姜延达 日本株式会社 ria 中国事业开发部 主任，中国分公司副总经理

前言

　　本书面向以室内设计师为目标的学生和刚进入设计或室内设计相关公司的新人，系统讲解了室内设计界的整体情况和工作所必备的专业知识、表现手法和设计业务推进方式等的"工作必备知识"。

　　室内设计除了分为住宅设计和店面设计外，设计对象各式各样，公司所涉及的业务及专业程度也有所不同。因此，进什么样的公司就职，应该掌握哪些知识自己往往难以判断。此外，进入公司后需要学习掌握更多的知识、技术和经验，因此自主学习变得更加重要，为该学什么和怎么学而烦恼的人也不在少数。

　　笔者从室内设计学校毕业后，从事商业设施的室内设计指导管理及住宅改造装修设计等工作，现在主要进行实战 CAD·CG 的操作指导和数据制作等业务，在室内设计行业具有 25 年以上的工作经验。与此同时，在大学及室内设计学校作为讲师指导学生约 14 年。在此期间逐渐开始思考工作和教育相结合的重要性，以及为更好地培养后继人才应该做些什么。

　　通过把自己累积的经验以及实际工作中得到的"在学校学不到的知识和技能"进行系统易懂地归纳整理，引导大家入门室内设计工作，为进一步前进提供指路标，笔者正是抱着这样的想法完成了这本书。当然学生和新手通过这本书如能学有所获那是求之不得之事，而本书如能成为企业的招聘者和教育机关的领导理解学生和新人所处环境，决定该做些什么并付之于行动的抛砖引玉之作，将不胜荣幸。

　　衷心感谢本书撰写之际作为审阅的河村容治先生，以及慷慨提供资料和建议的前辈设计师们，还有在写作困难之时尽力支援的责任编辑和各位编审人员。

Aiprah　藁谷美纪

2014 年 11 月

目录

译者序 ·· 002
前言 ·· 004
索引 ·· 175

第1章 | 室内设计的工作

1.1 **室内设计的"对象"** ·································· **010**
1.1.1 空间设计和产品设计 ····························· 010
1.1.2 居住空间和商业空间的设计 ····················· 012
1.1.3 商业空间的设计元素 ··························· 013
1.1.4 商业的各种业种和业态 ························· 014

1.2 **室内设计相关行业类型和工种** ···················· **020**
1.2.1 与室内设计相关的4个行业 ····················· 020
1.2.2 与室内设计相关的工种 ························· 022
1.2.3 室内设计师的职责、必备知识和资质 ············· 023
1.2.4 家装设计师的职责、必备知识和资质 ············· 023
1.2.5 室内造型设计师的职责、必备知识和资质 ········· 024
1.2.6 室内设计相关资质 ····························· 025

1.3 **室内设计师的具体业务** ·························· **027**
1.3.1 室内设计师的工作要点及流程 ··················· 027
1.3.2 室内设计师的必要技能 ························· 030

专栏 照明设计师的职责和必备知识 ················· 024
室内设计师应意识到什么 ··················· 031
实际案例·商业设施室内设计的企划案资料 ····· 032

第2章 | 室内设计的必备知识

2.1 **室内设计的构成元素** ·························· **038**
2.1.1 室内设计元素是什么？ ························· 038
2.1.2 家具：椅子 ·································· 039
2.1.3 家具：桌子 ·································· 040
2.1.4 家具：储柜 ·································· 041
2.1.5 家具：床 ···································· 042
2.1.6 室内软装 ···································· 043
2.1.7 店铺的展示用具 ······························ 044

2.1.8　住宅设备 ·· 045
2.1.9　照明灯具 ·· 046
2.1.10　窗饰 ·· 048

2.2　室内设计的色彩规划 ································ **050**
2.2.1　色彩方案 ·· 050
2.2.2　色彩、素材和形状的关系 ··························· 051
2.2.3　形象风格 ·· 052
2.2.4　室内设计的历史和样式 ······························ 054
2.2.5　色彩可视性的原理 ····································· 057
2.2.6　色彩的基本原理 ······································· 058
2.2.7　色彩的表现方法 ······································· 059
2.2.8　配色及情感效果 ······································· 061

2.3　室内设计的照明设计 ································ **063**
2.3.1　整体照明和局部（辅助）照明 ····················· 063
2.3.2　直接照明和间接照明 ·································· 065
2.3.3　照明的组合及效果 ····································· 066
2.3.4　光源的种类 ··· 067
2.3.5　色温和配光、显色指数 ······························ 069

2.4　尺寸和模数 ·· **071**
2.4.1　人体尺寸 ·· 071
2.4.2　活动尺寸和活动空间 ·································· 072
2.4.3　生活空间和商业空间中的活动空间 ··············· 074
2.4.4　活动和行动的心理要素 ······························ 076
2.4.5　各种物品的尺寸 ······································· 078
2.4.6　模数 ··· 081
2.4.7　家具的大小 ··· 082
2.4.8　空间的大小 ··· 085

2.5　室内设计的构造和装饰 ···························· **088**
2.5.1　建筑主体的构造 ······································· 088
2.5.2　地面的基层 ··· 090
2.5.3　墙的基层 ·· 091
2.5.4　顶棚的基层 ··· 093
2.5.5　门窗的种类❶住宅等的门 ··························· 095
2.5.6　门窗的种类❷住宅等的窗户 ························· 097
2.5.7　门窗的种类❸商业设施等的门 ····················· 098
2.5.8　地面的装饰面❶地板 ································· 100
2.5.9　地面的装饰面❷地毯 ································· 102
2.5.10　地面的装饰面❸树脂材质地面 ···················· 104
2.5.11　墙的装饰面 ·· 106
2.5.12　顶棚的装饰面 ··· 107

2.6　**室内设计的材料** ·· **108**

　　2.6.1　木材 ··· 108
　　2.6.2　木材的构造和性质 ································ 110
　　2.6.3　加工木材及种类 ································· 112
　　2.6.4　金属 ··· 114
　　2.6.5　塑料 ··· 116
　　2.6.6　玻璃 ··· 118
　　2.6.7　瓷砖 ··· 120
　　2.6.8　涂饰 ··· 122

2.7　**室内设计的相关法规** ······························· **124**

　　2.7.1　建筑基准法 ······································· 124
　　2.7.2　消防法 ·· 126
　　2.7.3　消费者相关法规 ································· 128

　　专栏　其他西方室内设计样式 ························ 056
　　　　　室内设计师随身必备的彩色样本 ·········· 060
　　　　　商品陈列架的黄金位置 ······················ 080
　　　　　室内的装饰材料的凹凸线脚 ················ 107
　　　　　其他法规 ··· 128

第3章 ┃ **室内设计必备的表现技术**

3.1　**室内设计的图纸** ······································ **130**

　　3.1.1　室内设计的图纸和种类 ······················ 130
　　3.1.2　室内设计的制图规则 ························· 134
　　参考资料　室内设计制图通则 ······················ 144

3.2　**室内设计的效果图** ··································· **147**

　　3.2.1　什么是效果图 ··································· 147
　　3.2.2　效果图的种类 ··································· 149
　　3.2.3　效果图的构图和配景表现 ··················· 151

3.3　**演示用展板** ·· **153**

　　3.3.1　演示用展板的目的和种类 ··················· 153
　　3.3.2　制作演示用展板的基本点 ··················· 155

3.4　**软件** ·· **157**

　　3.4.1　室内设计使用的软件 ························· 157

　　专栏　带有色彩和阴影的展示图 ··················· 133

第4章 | 一起体验室内设计吧！

4.1 **模拟设计开始之前** ·· **162**
  4.1.1 模拟设计的内容和流程 ·························· 162
  4.1.2 模拟设计的课题 ································· 163

4.2 **听取客户需求及确定主题** ···························· **165**
  4.2.1 通过听取意见和调查进一步明确要求和条件 ········· 165
  4.2.2 在确定设计主题阶段将设计方向具体化 ············ 167

4.3 **方案构思** ·· **168**
  4.3.1 考虑分区 ·· 168
  4.3.2 考虑平面布局 ···································· 169
  4.3.3 考虑照明方案 ···································· 171
  4.3.4 制作效果图 ······································ 172

4.4 **演示企划案** ·· **173**
  4.4.1 制作演示企划案的资料 ·························· 173

  专栏 实际业务中进行听证和调查的基本项目 ············· 166

■日文版
■参考文献（非先后顺序）
《家装设计手册 整合版》（上下册）（室内设计行业协会著、室内设计产业行业协会）
《商业建筑·设计店面 法规守则》（商业建筑法规研究会著、商店建筑社）
《商业建筑策划设计资料合集 第2卷 设计基础篇》（日本店面设计家监修、商店建筑社）
■合作（非先后顺序）
node株式会社、decorer株式会社、冈本好司设计室有限公司、小山健太郎设计事务所、DN照明株式会社、groove有限公司、远藤
照明有限公司、ijet株式会社
■封面、正文设计 坂内正景（Bannai Design Room）
■正文插图 堀野千惠子

第 1 章

室内设计的工作

室内设计工作依据室内的使用目的以及业务类别的不同，设计内容和范围也有所不同。另外，由于室内设计业界由各种不同的业种构成，因此有些部分不太容易理解。首先需要理解设计对象，然后再掌握室内设计业整体构成、工作内容和推进方法。最后我们再去了解室内设计师必备的技能和相关资格认证。

1.1 室内设计的"对象"

室内设计和人们的日常生活密切相关。因此为了让人们获得舒适和满足感,室内设计更重要的是兼具美感和功能性。作为室内设计的第一步,必须要理解室内设计对象的"目的"以及如何被"利用"。在这里,让我们一起深入理解室内设计各种各样的对象吧。

1.1.1 空间设计和产品设计

室内设计的工作大致划分为空间设计和产品设计两个方面。

空间设计指的是建筑物室内空间的环境规划。从房间只有墙壁、地板、顶棚等主体框架的毛坯状态开始着手进行空间的构成和展示设计、装修装饰、家具及展示用品的设计布置等工作。

空间根据使用目的的不同分为居住空间、商业空间、办公空间,针对不同的空间都有相对应的专业设计师和设计公司进行设计。

产品设计主要是指以桌、椅等家具为首,对室内照明灯具和厨房等住宅设备、餐具和厨具、咖啡机之类的家电产品等室内用品进行设计。

空间设计和产品设计

空间设计是对室内整体进行设计,产品设计是对家具、照明等室内用品进行设计

根据空间设计的使用目的进行分类

● **居住空间**

作为生活据点的居住空间要求适
应居住者的生活方式，使居住者
感到舒适方便

● **商业空间**

商业空间作为通过商品交易从中
获利的场所，其设计成为支持商
业活动的重要因素

● **办公空间**

作为工作场所的办公空间应适合
业务形态并且关注工作的便利性
和高效性

1.1.1

1.1.2 居住空间和商业空间的设计

虽说都是空间，但是居住空间和商业空间的目的和条件有所不同。比如，以营造生活为目的的居住空间，使用者只限定于所居住的人；而以商业为主体、商品和服务为目的的商业空间，使用者是不特定的多数人。

因为有这些不同，所以即使同为空间设计，居住空间设计和商业空间设计从设计构思到设计元素以及设计相关的法规都有所不同，而且一般来说是有相对应的专业设计师和施工人员。

居住空间和商业空间的不同

居住空间		商业空间
人是主角 基本机能是使居住者 能够安全、舒适、方便的生活	对象	**商品和服务是主角** 基本机能是为了销售商品
特定的人 在这个空间内生活的 对象只是家人		**不特定的多数人** 不分年龄性别， 所有人都是服务对象
日常性 日常生活使用的空间	功能	**非日常性** 与日常生活分离的空间
非生产性 满足食宿的空间		**生产性** 满足买卖交易的空间
户型很重要 与生活方式相吻合的房间种类和 空间的连续性是要点	与建筑物的关系	**商品的布局很重要** 为提高消费者的购买欲望所进行的 商品展示和易见易取的陈列方式是要点
与建筑紧密连接 户型影响到空间， 最好与建筑外观形象一致		**与建筑相区别** 与建筑物的外观形象没有关联， 只要店铺门面设计得当即可
独户住宅、公寓	规模和用途	**商业综合体、百货商店、专卖店**
一般住宅、福利设施		**餐饮店、零售商店、服务**

1.1.3 商业空间的 设计元素

商业空间有着居住空间所没有的设计元素，例如，外立面设计、视觉营销（VMD）、标识设计。

外立面设计是指店铺门面周围的设计，是店铺的画龙点睛之处。

视觉营销是将商品的特征用视觉手段展示给消费者的销售企划。

标识指的是标识牌和指示标识。标识应该清晰易懂地表示商品所在的位置，而且其本身也是空间设计的一部分。除了标识本身的设计之外，配置在什么地方也需要考虑。

商业空间的各种设计元素

● 外立面设计

让路过的人对店铺产生兴趣，并吸引顾客进入店内卖场，它是直接影响客流集聚效应的重要因素

● 视觉营销设计（VMD）

除了将橱窗和视觉关注点（VP）加以展示以外，设计时还需让商品陈列更直观、美观

● 标识

除了商场的门面处设置的楼层指引等综合告示牌，还包括在走道上设置的指示自动扶梯和卫生间位置的引导标识等。此外还有用画或者图表示的图标。（图片提供：岛忠）

商业有各种业种（商业的种类）和业态（商业的形态）。与此相对应的必要功能和空间设计都有所不同。首先让我们了解一下各业种和业态的不同吧。

业种大致可分为餐饮业、零售业和服务业。餐饮业有餐厅、咖啡店、快餐店等形态，根据菜单的不同还可以细分为日料、西餐和中餐等。零售业则对商品进行零售，根据商品的材料可以分为食品、服装及日用品等。服务业主要有美容店、诊所、娱乐场所等。

业态除了单独店面、便利店、超市、百货商场之外，还包括购物中心等大型商业综合体。

各式各样的业种（商业的种类）

餐饮业
快餐店、咖啡店、餐厅
（日料、西餐、中餐等）、
酒吧等

零售业
食品、服装、日用品、
杂货等

服务业
理发美容店、医院、
干洗店、租赁店等

各式各样的业态（商业的形态）

便利店

超市

百货商店

购物中心

除了在此介绍的以外，还有大卖场（GMS）、专卖店、药妆店、折扣店及家居建材城等

各式各样的餐饮店

● 餐厅

从家庭餐馆那样的简餐店到正规的高级餐厅，餐厅有多种多样，有时也被称为食堂和饭店。简餐店的设计往往使用明朗轻快的颜色，而让人轻松悠闲享受美食的餐厅营造的则是一种暗调、沉稳氛围的空间。（图片提供：node）

● 咖啡厅

有可以饮酒的咖啡厅和开放式的咖啡吧，还有提供除了餐饮之外其他服务的书店咖啡及网咖等。还有很多连锁店，连锁店的室内设计风格都是统一的。（图片提供：decorer）

● 美食广场

这种形态在购物中心里设置的比较多。在区域中央摆放有桌椅，四周设有商铺，在这里人们可以根据自己的喜好选择不同店铺的美食。（图片提供：node）

1.1.4

● **食品店**

有像超市那样，人们自主选择陈列的
商品后到收银台结账，有的是自助结
账的方式；也有从展柜中选择商品，
顾客与店员当面结算的方式。主营商
品有生鲜类、副食等的加工食品、饮
料糕点等食品

● **服装店**

除了销售男士、女士及儿童服装的店
面外，还有面向家庭的综合店面。既
有销售鞋、包、饰品等"服饰搭配"
的专卖店，也有和服饰一起销售的综
合店面

● **日用品店**

除了销售生活必需品及消耗品之外，
也销售日用杂货。有销售各种用品的
综合门店，也有专卖文具及化妆品等
特定商品的店面

1.1

室内设计的「对象」

1.1.4

各式各样的服务型店面

● **美容美发类商店**

除了美容院及理发店之外，还有美甲
店及美体店等。（图片提供：decorer）

● **与生活相关的服务型店面**

有干洗店、修鞋店、旅行社及照相馆等

● **娱乐类商店**

有电影院及剧场、游戏中心、保龄球
馆等

1.1.4

● **超市**

销售食品及日常用品。顾客从货架上自主选择商品然后到收银台结账的自助式服务的商店

● **百货商店**

将衣食住相关的多家专卖店以租赁店铺的方式集中到一座大型建筑物内，以销售人员和顾客面对面的形式贩卖商品

● **专卖店**

销售特定种类商品的商店。高价商品的销售主要是通过销售人员和顾客面对面的方式进行

1.1

室内设计的「对象」

1.1.4

● 药妆店

以销售一般常用医药品为主，也连带
销售化妆品、日用品、饮料以及除生
鲜食品以外食品的店面

● 家居建材店

销售建材、工具、园艺用品和宠物用
品、汽车配件、日用品等的大型卖场。
（图片提供：岛忠）

● 购物中心

以百货商场和大型超市为核心，将多
种专卖店、服务型店铺以及餐饮店等
集中在一起的大型商业综合体。可以
分为商户空间（各店铺）与公共空间
（公用部分），公共空间的设计与商业
设施整体形象一致

1.1.4

与室内设计相关的工作有各种各样的行业和工种。行业包括生产室内设计产品的制造业、销售业，以及专门设计业等。工种除了室内设计师外，还有家装设计师、室内造型设计师以及技术顾问等。在本章，我们一起来了解一下与室内设计相关的行业和工种的分类吧！

1.2.1
与室内设计相关的 4 个行业

与室内设计相关联的行业中，具有代表性的有以生产家具、窗帘、照明器具以及住宅设备等室内装潢材料的制造业，销售室内设计产品的批发零售业，进行建筑物施工的建筑业和主要进行设计的服务业这四大行业。

每个行业还可再细分为服务于住宅、商业或办公空间等的专门领域。

另外，家具、软装材料和设备机器等构成室内设计的不同元素，都有与其相对应的领域。

4 个行业

制造业
（室内设计产品的制造）
家具厂家、软装材料厂家、设备机器厂家等

批发零售业
（室内设计产品的销售）
百货商店、室内设计门店、家居建材店等

建筑业
（住宅和商业设施的施工）
综合建设企业（大型综合建筑公司）、住宅建造商、小型施工企业等

服务业
（设计）
设计事务所、自由设计师等

各行业的特征

● 制造业

从室内设计产品的设计企划到制造，有些厂家拥有自己的产品展厅和直销店。

	生产产品范例
家具	椅子、桌子、床、储藏家具等
展示用具	商品陈列架、显示屏幕等
建材	户内门及隔断、踢脚线、装饰线、楼梯、扶手、组合储藏柜、地板等铺地材料
装饰材料	壁纸和涂料、瓷砖、地毯、装饰板
住宅设备	照明灯具和家电产品、厨房用品、卫浴等
软装材料	窗帘或遮光帘等窗户装饰材料、地毯等

● 批发零售业

拥有室内设计产品的相关知识，除了销售之外，也向顾客提供建议及方案。除实体店之外还有网店。从海外进口产品的贸易公司也包含在其中。

	销售形态	销售产品范例
面向一般消费者	专卖店、百货商店、家居建材店、邮购	家具、照明灯具、窗帘等。也开发、制造和销售自主产品
面向法人及业内人士	由代理商、特约经销商进行销售等	普通住宅、公寓楼盘、店铺进行施工所需的建筑材料、装饰材料和各种住宅设备等

● 建筑业

根据建筑物的规模以及施工对象，可以分为综合建设业、住宅建造商、小型施工企业以及专门的商业店铺施工企业。

	建筑物的种类和规模	特征
综合建设企业	公寓楼盘、商业设施、道路及桥梁等大中规模的建筑物	从业主处直接接受业务发包委托，提供从设计、施工到监理等一系列服务
住宅建造商	中小规模的普通住宅、公寓楼盘	公司自主开发的公寓楼盘，或接到发包委托后提供设计、施工、监理等服务
小型施工企业	中小规模的普通住宅及店铺	专注于所在区域的业务，提供设计、施工和监理等服务。也有些企业只负责提供施工服务
商业店铺施工企业	商业空间和展示空间	专门负责店铺、展厅等的从设计到施工的装修装饰服务

● 服务业（设计）

除住宅、商业设施、店铺和公共设施外，也提供展会的设计。另外也提供家装设计和店铺展示等服务。

	设计的对象和特征
建筑设计事务所	不论规模，提供住宅和商业等建筑物的策划、设计、设计监理和施工监理（是否按照设计进行施工）服务。如果是住宅，也提供室内设计
室内设计事务所	提供商业设施、公寓楼盘、家具等的室内设计服务。也有专门提供商业店铺、家具和照明设计的事务所
综合展厅	提供各种展览设施、商业设施、文化设施和活动空间的布展

1.2.1

1.2.2
与室内设计相关的工种

与室内设计相关的职业种类主要有室内设计师、家装设计师、室内造型设计师。除此之外还有很多的种类。即使是同一工种，还可细分为住宅设计、商业设计、空间设计、家具设计及照明设计等。

● 室内设计师

室内设计师是指对空无一物的房间进行设计，从零开始创造出全新的空间

● 家装设计师

家装设计师是指对已有的室内设计元素进行组合，对空间整体进行创造

● 室内造型设计师

室内造型设计师是指在媒体现场拍摄时负责将室内设计元素进行组合，演绎空间

1.2.3
室内设计师的职责、必备知识和资质

室内设计师不仅对住宅、店铺和办公室，还对汽车和飞机等需要装饰的空间进行设计。也有些设计师以家具、灯具等产品设计为主要工作。

室内设计师可以说是对空间和室内设计元素从零开始进行创造。除了需要具备关于设计、建筑、材料的相关知识之外，还需要具有灵活的想象力和表现能力。此外还需要具有管理预算和进度的能力。在进行商业设计时，具备商业活动相关的知识也是非常重要的。

第1章 室内设计的工作

	工作内容	必备知识和资质
空间设计	根据客户需要和室内使用目的，涉及从内装的企划到设计、施工监理整套过程	除了需要具备美术、建筑、设计、制图、绘制效果图等专业知识以外，还需要具有审美鉴赏力和对空间的创造力和表现力，以及成本管理能力等
店铺设计	独立店铺和商场等的大型店面、购物中心等商业综合体的设计	需要具备空间设计的基本知识和技能，此外，因为提高功能性、集客能力和销售能力也是设计的目标，所以还需要具备关于店铺内商品及服务的相关知识
产品设计	家具、展示用具、灯具等室内设计元素的设计	需要具备相关产品设计的使用材料知识，以及如何将产品设计的易于使用的相关人体工学知识，还需要具备相关产品的销售、市场营销等专业知识

1.2.4
家装设计师的职责、必备知识和资质

家装设计师主要是以居住空间为对象，根据顾客的喜好、期望和生活方式，对家具、照明、壁纸、地面装饰材料和窗帘等室内全部装饰元素提出预案和建议。因此，除了需要具备设计的专业知识以外，还需要具备丰富的商品知识。

室内设计师的工作是将空间从零开始设计，创造出新的空间。与之相对的，家装设计师的工作可以说是将已有的室内设计元素进行有效组合，构成空间。

.2 室内设计相关行业类型和工种

	工作内容	必备知识和资质
私人住宅	根据客户的需求，协调家具、灯具、壁纸、地面装饰材料和窗帘等室内设计元素。除了新建住宅以外，也进行房屋改造装修设计	需要具备室内设计相关的广泛知识面及表现力。因为顾客个人的情况较多，所以需要挖掘客户需求，并具有简单易懂地阐明自己想法的沟通能力
展厅/商店	厨房和卫浴等住宅设备厂家、建材厂商、家具厂商的展厅以及与室内设计商品相关的商店，通过与客户交谈了解客户需求，从众多商品中选择符合客户需求的商品，提出预案和建议	

.2.3

1.2.4

23

1.2.5
室内造型设计师的职责、必备知识和资质

室内造型设计师的工作是在杂志、产品目录、电视等媒体的拍摄现场，根据企划内容设置家具和小摆件来演绎空间。

此外，还负责百货店和专卖店的展示设计以及样板间和样板房的室内设计。

因为室内设计方案中需要添加市面流行元素，除了具备室内设计的知识之外，还应了解最新的流行趋势和具备审美鉴赏力。另外还需具备将客户的构想准确地组织和表达出来的能力。

	工作内容	必要知识和资质
媒体	负责在杂志、产品目录、电视等媒体的拍摄现场布置室内设计品和小摆件。选择室内设计店、以及室内设计品的租借和返还也是他们的工作。有些时候，还要负责撰写相关室内设计的报道	以掌握室内设计知识为前提，具备设计以及设计流行趋势的知识。需要具备按照概念方案创造空间的能力、表现力、审美鉴赏力以及沟通能力
商业设施	百货商店和专卖店（品牌店）的橱窗以及卖场的展示设计	
样板间/样板房	根据住宅建造商和房产销售公司的商品概念对样板间和样板房等进行室内设计	

专栏

照明设计师的职责和必备知识

照明设计师专门对照明进行设计。不仅是设计灯具，也负责运用灯光效果演绎空间，还负责灯光展和建筑物的彩灯装饰。

照明设计师不仅要掌握相关照明知识，还要熟悉建筑及室内设计的相关知识。

提高内装设计和材料效果的照明设计案例（摄影：Michiho；提供：小山健太郎设计事务所）

提升建筑物整体形象的照明设计案例（摄影：山崎洋一；提供：小山健太郎设计事务所）

1.2.6 室内设计相关资质

因为室内设计是一项既需要掌握专门知识还需要具有实际经验的工作，所以并非必须取得国家承认的相关资格认证。但是如果取得了国家资格认证，就可以证明你已经掌握了工作所需的基本知识和技术，这在进行室内设计工作时会更加有利。

与室内设计相关的资质除了建筑师以外，还有商业设施师、内装规划师、家装设计师、福利住宅环境策划顾问、厨房专业顾问、公寓改造管理顾问、照明咨询师、色彩顾问等。

与室内设计相关的各种资质

● 建筑师

资质内容	根据建筑师法相关规定从事建筑物的设计和工程监理等工作。由国土交通省认定的国家资质
特征	分为一级、二级、木造3种，根据建筑物的规模、用途及结构的不同，界定了不同级别的建筑师所能承担的职能范围。需要具有建筑设计、建筑法规、建筑结构、建筑施工等相关知识。室内设计中涉及房屋改造等与建筑相关业务时，需要有二级建筑师资质才能从事相关业务。此外，具有建筑师资质往往被认定为具有相关的实务经验，建筑师在参加其他资格考试时有些科目可以免考

● 商业设施师

资质内容	综合规划、管理各种商业设施的运营管理系统、店铺业态组成和设计等。由商业设施技术团体联合会认定的资质
特征	商业设施的对象涉及广泛，有百货商店、一般店铺、休养度假设施、博物馆和剧场等。不仅是商业设施，在商业设施的街区设计中，也需要策划提案、施工、运营、促销等方面的专业知识和技术

● 内装规划师

资质内容	负责室内设计中的策划、设计和工程监理。由建筑技术教育普及中心认定的资质
特征	在室内设计的策划设计阶段，运用专业的知识为客户提供准确的建议，通过表现技术制作出具体的设计意向方案。在室内方案设计阶段，根据设计意向进行空间构成、室内环境规划、内装结构方法、装饰材料的选择、内装饰件的设计和选择等工作。还要制作设计图纸和规格书，依据设计图纸文件进行工程监理

● 家装设计师

资质内容	对家具、窗帘和照明等制品进行全面策划编制，并且提出建议和提案。由室内设计产业协会认定的资质
特征	需要具有室内设计、住宅、产品、商品等广泛的知识。不仅仅进行内装设计，更需要通过提供各种信息以提高消费者对家居内装的价值观

● 福利住宅环境策划顾问

资质内容	为老年人和行动不便的人提供舒适的居住环境方案。由东京商工会议认定的资质
特征	在具备医疗、福利和建筑相关的系统、全面的知识基础上，与其他专家一起拟定住宅改造装修方案并提出预案。根据所掌握的相关社会福利基础知识以及与实际业务相关的知识和技能水平，分为一、二、三级

● 厨房专业顾问

资质内容	提出舒适方便的厨房空间建议和提案。由室内设计产业协会认定的资质
特征	对居住空间，特别是厨房和其周边的空间，提出满足使用者需求的建议和提案。需要具备厨房功能、厨房的设计施工等综合知识

1.3 室内设计师的具体业务

室内设计师根据客户的要求，并依照建筑物的实际状况、预算和工期等条件提出室内设计的方案。在确定设计方案之后，还需要配合施工人员共同完成任务。要完成这一系列工作，需要室内设计师具备多方面的技能。

1.3.1 室内设计师的工作要点及流程

室内设计师的工作内容按工作阶段大致可以分为听取顾客需求、制订方案、发表提案和设计·监理4项。

最初是从委托方（顾客）那边接受设计委托。确认顾客的委托要求和设计条件等工作为听取顾客需求。在此基础上进行方案概念构思和设计的工作叫作制订方案。通过发表提案向客户提出方案并得到客户的认可。将客户确认后的设计方案以具体方式呈现出来是设计·监理。

室内设计师工作的四要素

听取顾客需求

根据客户的要求，并依照建筑物的实际状况、预算和工期等制约条件进行整理确认

制订方案

在听取顾客需求的基础上考虑方案的概念构思和设计

发表提案

向客户提出所定概念构思和方案的策划书，并取得客户的认可

设计·监理

依照客户认可的方案制作施工用图纸（设计）。将施工状况与设计图纸对照确认（监理）

室内设计业务的流程

客户

设计委托

- 收集其他信息

委托　　　发表提案　　　　　发表提案　　　委托

听取顾客需求和调查

根据客户的需求、预算、工期和建筑条件等进行设计，并收集、整理、分析必要的信息，提供给施工现场

- 确认预算
- 实地考察
- 确认相关法规
- 调查竞争对手
- 收集其他信息

制定方案（构思、草图）

根据听取顾客需求和调查的信息构思设计理念和主题。向顾客展示视觉化后的设计想法，并确定设计的方向性

- 制作设计理念图
- 制作平面方案
- 制作效果图或模型
- 收集材料样品
- 制作其他资料（如展开图、照明方案）

设计师

施工人员

签订工程合同、发包　　　　　　　**验收**

发表提案　　委托　　　　提出报价单　　　　　　调整、汇报　　　　　　交付　　　　提交竣工图

初步设计

制作平面图和展开图等设计图纸，并确定具体设计方案。委托施工方制作报价表，调整预算分配（成本管控），并选定施工方法和材料

- ■ 制作平面图
- ■ 制作顶棚仰视图
- ■ 制作展开图
- ■ 制作家具图
- ■ 制定照明计划
- ■ 制定设备计划
- ■ 制作效果图或模型
- ■ 制作配色方案

实施设计方案

根据设计图进行施工。确认施工图和报价单。另外在施工时确认现场与图纸是否吻合，并确定设计细节。结合实际情况调整或更改设计方案

- ■ 制作完工表
- ■ 制作平面图
- ■ 制作顶棚仰视图（包括照明计划）
- ■ 制作展开图
- ■ 制作家具图
- ■ 制作设备图
- ■ 制作详图

设计监理

竣工后，交付给客户。将施工中发生的变更反映到设计图纸上，按照实际竣工的状态绘制竣工图

- ■ 制作竣工图

委托　　提出　　确认　　　　签约、　　提出　　　　　确认　　　　　　现场
报价　　报价　　报价　　　　发包　报价单、施工图　报价单、施工图　　　　确认

制作、提出报价单　　　　**制作施工报价单和施工图**　　　　**施工、竣工**

1.3.2
室内设计师的必要技能

室内设计师的工作是将客户的需求通过想象力、经验、知识和技术，用最好的设计具体呈现出来。因此室内设计师须具备提案能力、表现能力和监理能力这三种技能。

在构思、整理和提出方案的阶段需要提案能力。将设计意图简洁明了地向客户传达时，表现力必不可缺。而将设计方案变为具体的实物则需要监理能力。

室内设计工作的顺利进行有赖于扎实掌握以上三种能力。

室内设计师必备的三种能力

提案能力
（构思能力）

- 听取客户需求的能力
- 信息收集能力
- 分析能力
- 思维发散及想象力
- 专业知识
- 原创性
- 社会性

提案能力是搜集整理客户的要求和相关信息，并梳理出问题关键点，根据解决方案提出设计方案的能力。不仅需要建筑和室内设计的专业知识，还需要具备设计对象所属行业和工种的基础知识。并且需要丰富的想象力和原创性，以及对社会道德、安全和环境层面的考虑。有创新突破固然是好，但也不要提出过于突兀的设计方案

表现力
（发表提案能力）

- 沟通能力
- 手绘草图、图纸、效果图的能力以及模型制作能力

监理能力
（领导能力）

- 成本、进度监理能力
- 现状把握能力
- 协调能力

表现力是将提案的内容用语言和视觉图像简洁明了地传达给对方的必要技能。避免使用故事性语言和大量专业术语，需要具备用通俗易懂的语言进行说明的能力。此外，用语言不易表达的内容可以通过手绘草图、效果图和模型等视觉手段来表现，并具备让施工人员可以准确理解设计方案的制图能力

监理能力是将图纸上的设计变为实际物体的能力。不仅需要有确认是否根据图纸进行施工、是否按照预算和进度进行施工的能力，还需要判断建筑物是否符合使用目的等限制条件和法律规范等的能力。也可以说这是一种在既定范围内，制作出更完美作品的能力

专栏　室内设计师应意识到什么

　　室内设计师需要具备丰富的知识和技能。虽说这些知识和技能可以通过学习和工作进行培养，但是如果没有设计师应该具备的意识，则很难真正掌握。在这里，笔者将应具备意识的要点进行了列举。

设计是为了让人们幸福的手段

设计不只是单纯的制作出"漂亮""有用"的东西。设计是解决问题、将事物的价值具象化，使事物达到更好的状态。可以说能够给予人们幸福感和满足感才是设计的精髓。

从多种角度来考虑事物

遇到需要解决的课题时，要抓住问题本质，明确原因和需要解决的问题。然后从实用性、安全性和经济性等多个角度进行考察。平时保持开阔的视野和兴趣会积累解决问题的灵感。

见识更多的东西

多多观察店铺、家具、室内设计品、艺术品、工艺品等各种物品。通过摄影、手绘草图和笔记等方法记录下自己感兴趣的东西。这些都能提升设计师的品位、增加设计师的才能。

勇于挑战、不放弃

挑战应该解决的问题并力求实现。不要轻言放弃，通过反复试验和分析错误经验，用创意一步步接近问题的解决方案和实现理想。持续坚韧的努力至关重要。

善于听取、善于传达

有意识地多与人交谈。充分挖掘出这个人想说什么，期望什么。之后可以通过逻辑清晰地表达、寻找共同的话题，可以尝试一边画草图一边交谈等各种方法。

磨炼对空间和物体的形状及尺寸的感觉

在日常生活中，保持对空间、家具、道具等的形状及尺寸的敏感性。感受桌椅、家具的宽高和位置以及室内布局等，体会空间的舒适性，用自己的身体或尺子去实际测量。通过这些，积累和磨炼对形状和尺寸的感觉。

专栏

| 实际案例 |

商业设施室内设计的企划案资料

　　在这里介绍的是，在中国商业设施的室内设计中实际完成的设计方案策划资料。在商业设施的室内设计方案中，除了需要讨论设计构思和设计意向以外，还需要对方便销售、考虑顾客漫步走动的"分区设计"以及视觉营销"VMD"进行提案。（资料提供：node）

设计构思和方向性的提案

整理整体设计的方向性和构思理念。提出与建筑地点、建筑实际情况，以及目标市场相符合的卖场和商品组成的方案。

● **目标客户群**

根据地段条件和经营计划，梳理出主要客户群、辅助客户群和战略客户群，并展示目标客户群的形象图片

● **店铺概念**

定位为区域地标性商业设施，以关键词"THE STYLE PROMNADE"（体验领先时代的步行街空间）作为设计理念。用简单易懂的图标归纳出3个主题

1.3

室内设计师的具体业务

● 楼层构成

楼层构成是考虑建筑总体纵向动线的方案。用颜色划分不同区域，用箭头表示购物者的行进方向

● 区域划分

区域划分是考虑各楼层平面动线的卖场布置方案。用颜色划分不同卖场，并配上相关卖场的意向图片

● VMD 设计

按照不同区域提出各卖场的视觉营销方案。对各区域根据不同样式风格进行整合，提出意向方案

● 立面设计

面向挑空中庭的店铺立面设计。对于综合性店铺，为了保证整体形象协调统一，需要制定设计导则，各个商店的设计按照设计导则进行

● 楼层平面设计方案

提出通道地面的图案拼接设计和交叉口的图案设计方案

● 照明方案

通道的灯光设计为间接照明。用剖面图表达上翻尺寸以及灯具的安装方法

室内设计师的具体业务

1.3

1F Image

● 效果图

入口大厅的空间意向。放入配景人
物表现尺度感和热闹繁华的景象

1F Material

● 材料方案

贴上地面铺装材料的实物样品，
展示实际的配色和质感

5F Elevation PLAN

● 立视图

公共空间通过展开图来表现。在
挑空中庭空间放置长椅和绿植，
使空间整体变得更加丰富多彩

● 卫生间

女士卫生间的设计。在商业设施中卫生间的设计也是受关注的要素

● 问询台设计

用平面图、立面图和剖面图来表现问询台的照明配置方法。将效果图和材料说明整理到一起来表现

● 公共空间小品的设计

与楼层主题相符合的长椅及绿植的配置方案

室内设计的必备知识

进行室内设计需要具备室内设计
构成元素及其特征、 空间和家具
所需尺寸以及建筑结构和材料等
广泛的专业知识。 在本章我们来
学习最基础的知识。

2.1 室内设计的构成元素

室内设计由各种各样的元素构成，根据各式各样的形状及功能，分别有不同的种类和名称。这里我们以主要的室内设计元素"家具"为中心，介绍室内设计师和家装设计师必须了解的室内设计元素的种类及名称。

2.1.1 室内设计元素是什么？

室内设计元素指的是构成地板、墙壁、顶棚的装修材料以及家具、灯具、窗帘等元素。

除此之外，还包括装饰小物件和艺术品等体现室内设计的饰品以及室内绿叶植物。

在进行室内设计的时候，除了要对每一种室内设计元素进行设计外，还要在空间整体上对元素的选择和配置进行设计。这时，不仅需要考虑颜色和形状的协调搭配，功能和组合效果也是非常重要的。

各种室内设计元素

顶棚
灯具
装饰品
窗帘
墙壁
绿植
家具
地毯
地板

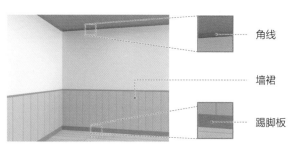

角线

墙裙

踢脚板

角线是安装在顶棚和墙壁之间的水平材料，起到分隔和装饰的作用。

墙裙是由高度及腰、900mm 左右的板材贴合而成的墙壁装饰，起到装饰和避免脏污、碰伤等作用。

踢脚板可以避免墙壁脏污和碰伤，有遮掩墙壁与地面之间缝隙的功能。

2.1.2
家具：椅子

在室内设计中，与生活最密不可分的就是家具。而家具中带腿的椅子和桌子被称为"带腿家居"。

椅子的基本构件为背、座、腿，有各式各样的素材和不同的加工方法。另外，根据工作用和休息用等使用目的的不同，座面的高度和靠背的倾斜角度也不同，设计上也有所变化。除此之外还有可折叠的、可叠放的、可联结的等，根据功能不同分为很多种类。

椅子各构件的名称

搭脑
靠背板
座框
角木
后腿
横撑儿
前腿

支撑人体的椅子座面安置在座框之上，在上面放有内装缓冲材料的坐垫，或是安放舒适易坐的成型胶合板。

各种椅子的名称

● **带扶手的座椅**

● **不带扶手的靠背椅**

● **坐凳**

● **沙发和脚凳**

吃饭时使用的椅子称为餐桌椅，休息用的椅子称为起居椅。

椅子的功能

● **可叠放**

● **可折叠**

● **可联结**

除此之外，还有摇椅和转椅等。

第 2 章　室内设计的必备知识

2.1 室内设计的构成元素

2.1.2

2.1.3
家具：桌子

桌子是由面板、挡板和桌腿等基本构件所组成的。

有些桌子是用来工作的，有些是用来装饰的。对于工作中使用的桌子来说，因为人要坐在椅子上工作，所以桌面和椅子的座面之间的高差很大程度上决定了用起来是否舒适。

桌子各构件的名称

面板

挡板

桌腿

桌子面板的大小因使用目的与就座人数的不同而不同。面板材料与装饰面最好具有耐水性、耐热性和耐磨性。因为手和身体上半部分要直接接触桌子，所以台面的边缘最好加工为圆滑状的。

各种桌子的名称

● 餐桌

● 客厅桌

● 壁桌
（靠墙作为装饰用的桌子）

● 床头柜

办公或者学习用的桌子称为书桌，具备抽屉等储藏功能。抽屉紧靠在桌子面板下面的叫"平设抽屉办公桌"，抽屉设在桌面侧下方的叫"带侧柜办公桌"。

桌子的功能

● 伸缩式

● 折叠式

● 套叠式

伸缩式的桌子能够打开面板，转动折在里面的桌板，然后平铺在支架上，因此可以调节桌面的大小。

2.1.4
家具：储柜

储柜是由顶板、底板、侧板、背板构成的，下部附有滚轮或柜腿。

除了碗柜、斗柜等功能单一的储藏家具之外，也有根据个人喜好按照基本模数做成的柜子、抽屉等盒形储藏组件的组合柜。

另外还有将侧板、背板、隔板、抽屉和挂衣棒等标准配置的部品与墙面尺寸匹配嵌入的整体壁柜。整体壁柜也被称为预制具。

储柜各构件的名称

抽屉　顶板　侧板　柜门　竖隔板　横隔板　底板　滚轮

柜门上设有开关时围绕旋转的金属合页或铰链以及让门停下来的门吸，抽屉下面则设有使抽拉顺畅的滑轨等五金配件。

各种储柜的名称

● 摆放架

● 斗柜

● 碗柜

● 客厅（电视）柜

● 组合柜

组合柜是由盒形储藏组件组合而成。整体壁柜是将标准化的部品与墙面匹配并嵌入而成。

● 整体壁柜

2.1.5
家具：床

软床的基本构造是由床头板、床尾板、侧床框和床基组成的框架以及床垫这两大部分组成。

床头板和床尾板除了具有防止床垫和枕头偏移的功能之外，还起到装饰作用。

床垫种类分为用线圈将弹簧连成一体的"邦奈尔式弹簧结构"和由一个个单独弹簧构成的"口袋形弹簧结构"。还有平时可以作为沙发使用的沙发床。

床各构件的名称

床头板

床垫

床基（床板）

侧床框

床尾板

床基分为用木板或木条板作为床板的单层软床和床垫下面再垫一层缓冲材料的双层软床，还有底部设有抽屉的储藏一体型软床。

各种床的名称

● 沙发床

沙发床可分为将沙发靠背折叠放下的躺放式沙发和沙发坐面下可以抽拉出来的折叠式沙发两种。

床头板的种类

● 平板型

● 带置物架型

● 平板软包型

● 管状支架型

2.1.5

除了带置物架以外，还有带抽屉、照明和插座的。另外还有不带床头板，直接将床垫固定在床尾的软床。

2.1.6
室内软装

装饰绘画、摄影图片、蜡烛、靠垫等杂货和小的物品称为室内软装。

室内软装可以将空间点缀得更加富有魅力。

盆栽和观赏植物被称为"室内绿植"，这些可以营造出自然治愈系的空间。

虽然室内软装是根据个人的兴趣、喜好和品位进行选择并加以装饰的，但是也会对空间的风格和印象产生很大影响，因此慎重选择也非常重要。

室内软装的配置案例

首先需要确定装饰的主题和情境，并且考虑选择与空间在整体上相协调的颜色和格调，然后决定在哪里装饰些什么。平衡配置、点缀方法等装饰技巧也需重点注意，努力装饰出更加具有魅力的空间。

2.1.6

2.1.7 店铺的展示用具

在店铺中用于陈列商品的家具叫作"展示用具"。根据陈列商品的种类不同，展示用具有多种形态，这些形态都方便顾客观览和选择所展示的商品。

食品展示用具有保鲜柜以及可以陈列很多商品的货架。

服装展示用具除了挂衣服的衣架之外，还包括橱窗模特和人体雕塑模型。

除此之外，还有与商品相对应的专用展示用具等，这些展示用具根据商品的种类和店铺的形象进行设计。

食品卖场使用的展示用具

● 保鲜柜　　　　　● 陈列架（货架）　　　● 平台货架

生鲜食品被陈列在具有冷藏功能的保鲜展柜中，陈列架根据不同的陈列方法可以与挂网、挂架和挂钩组合使用

服饰卖场使用的展示用具

● 平放展架　　　　● 挂衣架　　　　● 橱窗模特

衬衫等折叠起来的商品需要平铺摆放陈列。展示橱窗使用的人体模型分为全身的橱窗模特和只有躯干部位的雕塑模型

不同卖场使用的不同展示用具

● 食品卖场　　　　　　　　● 服饰卖场

在食品卖场中，根据商品的保存方法及库存量，展示用具的功能和高度都会有变化。在服饰卖场中，需要设置镜子和试衣间（图片提供：node）

2.1.8
住宅设备

厨房、卫生间、洗手台、浴室等住宅设备也是室内设计的元素之一。特别是厨房，作为家人进行交流沟通的空间，其风格和设计是影响室内形象的重要因素。

厨房与其他房间的连接方式决定了空间风格。客厅和厨房没有明显界限的形式叫作开放式厨房，厨房与其他房间完全分离的形式叫作封闭式厨房。用吧台及吊墙等将房间进行分割，通过开口部形成一个通透空间的类型叫作半开放式厨房。

各种住宅设备

● **厨房**

● **卫生间**

● **洗手台**

● **浴室**

住宅设备也被称为住宅用水区的设备，需要进行给水和排水设计。因为管道设置等的限制，在旧房改造时往往无法进行大幅度的改动

各种风格的厨房

● **Ⅰ形**

● **L形**

● **U形**

● **半岛形**

水槽、操作台和燃气具等成一横排的是Ⅰ形厨房。通常适合比较狭小的厨房布局。但如果台面太长的话，活动流线会变长，容易降低效率

沿两个垂直相交的墙面布置的为L形厨房。这种布局会产生如直角三角形一样的活动流线，工作效率比较高，但是需要注意避免在储藏柜的拐角处产生死角空间

这种布局可以获得宽大的厨房操作空间，可同时满足开放式厨房和封闭式厨房的需求。U形布局可以充分体现厨房的设计装潢感，但是需要宽敞的厨房空间和考虑拐角部分的储藏空间的使用方法

L形或U形厨房中的一部分像半岛一样突出来的布局为半岛形厨房适合于开放式厨房。突出来的部分可以与吧台或餐桌结合，组成对面式厨房。但是设计时要注意考虑操作台和桌面的高度有所不同

第
2
章

室内设计的必备知识

2.1
室内设计的构成元素

2.1.8

2.1.9
照明灯具

灯具也是室内设计元素之一。照明不仅要满足室内亮度上的要求，还要起到烘托环境、气氛的作用。

照明可以分为整体照明和局部辅助照明。整体照明是将房间整体照亮，局部辅助照明则是为了保证局部的亮度或者营造特定的氛围。

不仅照明灯具的形状各不相同，有些灯具带有清淡的冷白色调，有些则带有偏红色的暖色调，形状各异的灯具所产生的不同的光照效果，会对空间产生不同的影响。

各种照明灯具——整体照明

● 吸顶灯

直接安装在顶棚上面的照明灯具，根据房屋的大小选择灯泡的亮度。有欧式和日式设计风格

● 吊灯

吊装在室内顶棚上的照明灯具。因为经常成为空间设计的亮点，所以灯具的款式选择也变得尤为重要

● 筒灯

● 欧式水晶吊灯

由于筒灯是由数个小灯泡埋设在顶棚内而成，因此可以实现部分灯具点亮照明。欧式水晶吊灯是一种装饰性很高的灯具，展示出华丽多彩的空间

各种照明灯具——局部（辅助）照明

● 壁灯

● 射灯

● 落地灯

● 台灯

局部（辅助）照明指的是在需要照度的地方设置照明灯具的照明方式。灯具的款式选择也是演绎空间感的要素

2.1.9

2.1.10
窗饰

窗帘和卷帘等窗户周围有关装饰元素被称为"窗饰"。窗帘和卷帘的主要功能是调节光线和遮挡视线。同时它也在空间装饰中起着重要作用,特别是居住空间中窗户所占比例很大,空间的氛围会因窗帘的款式、颜色和图案的不同展现方式而有很大的变化。

窗帘因重视设计性、美观性而有众多款式。百褶的收束方式以及流苏的绑扎方式(将窗帘束起来的扎带)、窗帘的下摆及饰边装饰等需要仔细考虑,以演示出窗边的装饰美感。

各式各样的窗饰

● **布艺帘**
(自然褶皱、较厚质地的布料 + 蕾丝花边)

● **罗马帘**
(将窗帘布折叠起来的窗帘)

● **百叶卷帘**
(水平的百叶板)

● **竖向卷帘**
(竖向细长的百叶板)

● **布卷帘**
(将窗帘布卷上去的帘布)

● **百褶布帘**
(百褶状的、不同材质组合而成的布帘)

除了形状的种类之外,材质的颜色和图案的不同也会带来空间形象的变化。除了百褶布帘和布艺帘的组合之外也有自然褶和蕾丝花边反过来吊着的展示方法

2.1
室内设计的构成元素

2.1.10

各种窗帘的款式

● 中间分开式

从窗帘的中央将窗帘布左右分开，风格慵懒。营造优雅的氛围

● 重叠交叉式

窗帘中间部分相重合的款式。可以感受到古典和高雅的氛围

● 高下摆式

下摆有长的褶边和蕾丝花边做点缀装饰的款式。营造高雅的氛围

● 贝壳状

装饰性较高的款式，根据下摆形状不同，分为O形、S形和W形。经常在飘窗和有窗下墙的窗上使用

● 分段式

在竖向窗帘布的中间稍下处用流苏分段绑扎的方式

● 咖啡馆式

通过横向撑杆等悬挂窗帘，把窗户的一部分覆盖住的短窗帘

2.2 室内设计的色彩规划

颜色可以左右人们对室内设计的印象，具有决定印象的重要作用。因此，色彩的相关知识非常重要。在这一章节，让我们一起来学习颜色的基本搭配和颜色是如何被看到的等基础知识。

2.2.1 色彩方案

色彩方案也就是色彩设计。室内设计的色彩方案就是根据空间的使用目的和相关条件，调整并确定包括地板、墙壁、顶棚在内的各个室内设计元素的具体颜色。除了选择颜色以外，在什么地方使用多少分量的颜色、使用什么颜色、如何进行搭配等诸如此类的色彩搭配问题也非常重要。

室内设计中由基础色、主色、点缀色三类色彩构成。在空间设计上需要探讨将这三类色彩分别在什么位置上配置、用多少分量。

住宅色彩方案的重点

	基础色	主色	点缀色
项目	地板、墙壁、顶棚	家具、窗帘	小物件（地毯、坐垫、靠垫等）
面积	70%	25%	5%
使用年限	较长	中等	较短
选择颜色的要点	形成室内设计整体印象的基础色调。选择让人不易厌倦的基础色为好	室内设计的主要色彩。不宜过度暗淡及过度亮丽	能够轻松改变氛围的颜色。可以使用具有个性的颜色或花纹的东西

2.2.2
色彩、素材和形状的关系

即便是相同的室内元素，除了颜色以外，根据质感、形状和体积的不同，会产生不同的空间印象。

考虑室内设计与色彩搭配时，兼顾颜色、素材、形状这三者之间的关系和平衡也非常重要。

通过质感和形状改变空间印象的示例

● 颜色和形状的不同

在同一个内装空间里，配置相同种类的家具和小物品的案例。左图中的家具和小物品色彩明亮并带有弧形设计，给人以明快柔和的印象。右图中的家具和小物品则色彩较暗并且带有棱角，给人以沉稳的印象

● 质感的不同

即便是相同的色调，因素材质感的不同，给人的印象也会发生改变。两张图中都配置了暗色的沙发，但左图中使用木质家具，带给人温和的感觉。右图中采用了玻璃和金属的家具，则给人以刚硬的印象

2.2.3
形象风格

想要创造美丽舒适的空间，颜色、素材、形状的组合非常重要。这样的组合就称为"形象风格"。不同形象风格的特征，如自然、现代、古典风格等要统一。

在进行多元素、大空间的室内项目设计时，以形象风格为基准选择颜色和素材，则能达成具有统一感的设计。

在与他人分享设计形象时，形象风格也可以成为共同语言。但是，即便是相同的风格也有各式各样的表现形式，因此需要通过使用形象照片等方式来共享具体的设计形象。

常用的形象风格

● 自然风格

格 调	自然感觉
素 材	木、棉、麻等
色 调	象牙色、驼色、绿色、褐色等明快、柔和的色调
特 征	具有温暖氛围的风格。家具等的造型省去了装饰，采用直线的简约设计

● 现代风格

格 调	都市感觉
素 材	玻璃、金属、塑料等无机物
色 调	单色或多色等
特 征	有采用玻璃和金属等硬质无机素材的意大利现代风格，也有采用塑料等五颜六色素材的美式现代等多种风格

● 古典风格

格 调	有品位、优雅、厚重感
素 材	木材等自然素材
色 调	沉稳的色调
特 征	格调高雅的风格。有装饰华美的欧洲古典风格、具有厚重感的英式传统风格和亲切宜人的美式传统风格等，根据国家和时代的不同，种类也各有不同

● 乡村风格

格 调	朴素、温和
素 材	木材等自然素材
色 调	柔和的色调
特 征	朴素、温和、轻松的风格。有给人以宁静悠闲、充满自然气息的欧洲田园感的欧洲田园风格，及具有开荒时代不拘小节的、朴素的、充满实用性氛围的美式乡村风格

● 日式风格

格调	日式风格
素材	竹、木、和纸等自然素材
色调	自然的色调
特征	有在日式房间内加入现代特征，形成简约、沉稳的风格的。也有加入了传统日本民艺家具等的古代民居风格。在国外，具有简约、小巧雅致感觉的禅意风格也很受欢迎

● 亚洲风格

格调	亚洲风格
素材	竹、藤、麻等自然素材
色调	自然的色调
特征	加入了泰国、印度尼西亚、中国等国家的工艺品和民间艺术家具的风格。能够营造出亚洲度假胜地的悠闲感。加入了17~18世纪曾在欧洲流行的中国艺术样式的风格，则专门被称为"欧式中国风"（Chinoiserie）

● 20 世纪中叶风格

格调	现代风格、个性独特
素材	成型胶合板、强化塑料等人工合成材料
色调	单色或多色
特征	在20世纪40~60年代以美国为中心流行的全新且充满个性的设计风格。使用人工合成材料制作而成的具有复杂曲线形状、设计轻巧的家具

● 北欧风格

格调	简约、自然现代
素材	木材等天然材料、布料
色调	沉稳的色调、彩色
特征	色调明亮的木材等天然材料制成的家具与以植物纹样、几何图形为主题的布艺等搭配而成的风格。虽然色彩鲜艳，但色调搭配优雅、沉稳，并具有很高的实用性

2.2.3

2.2.4 室内设计的历史和样式

根据国家、文化、历史与传统、气候和风土等的不同，室内设计形成了多种样式。从古至今，随着时代的社会背景和生活形态的演变，各式各样的建筑和艺术形式也在不断诞生和发展。

日本的传统建筑用木格推拉窗门（障子）将内、外隔开，强烈意识到内外关系的建造方法成为其显著特征，还有将和室的原型"书院造"建筑和引入茶室建筑的"数寄屋"建筑等。

日本的室内设计样式

● 书房

壁龛上横木 | 壁龛柱 | 杆缘顶棚

垂墙

壁龛

副书房

壁龛地板

壁龛地板框

榻榻米

上橱柜

博古架

下橱柜

底板

装饰栏板

门框横木

吊柱

柱间横木

年 代 | 室町时代之后

特 征 | 从平安时代的贵族住宅样式——寝殿式建筑发展而来，以书房作为主室的武士住宅样式。铺满榻榻米的客厅用推拉门进行分割，并设有杆缘顶棚或方格顶棚板。是现代日式住宅中常见的壁龛的原型

在西方，即便同是被分类为古典的样式，也有直线形设计的哥特式和曲线形设计的洛可可式等，风格也大相径庭。

在近代则有有机、优美的装饰样式"新艺术派"和由几何形状构成的"装饰派艺术"等形式。

虽然在室内设计中也有很多元素融入了这些样式，但重要的是需要在对各种造型的特性及要素理解的基础之上再进行设计。

● 茶室

竹格窗

壁龛

火灯口

点茶榻榻米

客席

茶道口

火炉

贵人入口

半跪式入口

年 代	安土·桃山时代
特 征	是茶道邀请、招待客人饮茶的空间，从四个半榻榻米小到一个多榻榻米（榻榻米的大小比普通的各边都短45cm左右）。客人从宽幅60~70cm的半跪出入口（躏口）进出茶室

● 数寄屋样式建筑

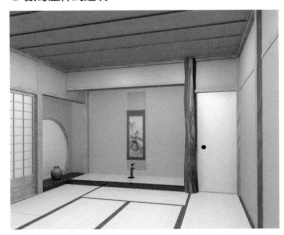

年 代	安土·桃山时代之后
特 征	在"书院造"建筑形式中添加了茶道文化中的茶室建筑手法而形成的样式。体现了日本审美意识中的"寂静幽秘"的思想，具有朴素简约的空间特征。代表建筑有京都的桂离宫

2.2.4

西方的室内设计样式

● 哥特式

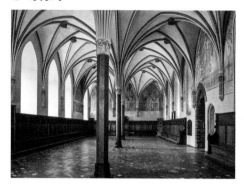

`年代/国家` 12 世纪中叶 / 法国

`特　征` 以宗教建筑为中心发展而来的形式。与哥特式建筑相呼应，采用了强调竖向线条的设计以及装饰有布皱图案、火焰纹图案等奢华雕刻装饰的家具和利用木框架结构制成的大型家具。具有代表性的作品有法国的巴黎圣母院

● 洛可可式

`年代/国家` 18 世纪 / 法国

`特　征` 与哥特式相比，洛可可式的风格则具有优雅的曲线形状和清淡、柔和的色调。家具设计得小巧、易于使用，并使用木片拼花工艺以及象牙、金箔等加以装饰。家具腿多用被称为"猫脚"的动物脚形图案作为主题，称为 Cabriole leg

● 新艺术派

`年代/国家` 19 世纪～20 世纪初 / 欧洲

`特　征` 从以比利时和法国为中心的艺术运动中衍生出来的样式。以类似植物的有机曲线装饰为特征。家具和小物件多采用蒸汽加工弯曲而成的曲木以及当时的新型材料铁和玻璃制作而成。新艺术派风格对工艺品和平面设计等方面也产生了广泛的影响

● 装饰派艺术

`年代/国家` 20 世纪 / 法国

`特　征` 新艺术派衰落后流行的风格。伴随着工业发展，与装饰性相比更加重视规格化形态。直线与立体的构成、几何图形为主题的表现、通过原色进行色调对比表现等都是其显著特征

`专栏`　**其他西方室内设计样式**

样式名	特征
罗马式	10 世纪末到 12 世纪在西欧广泛应用的中世纪样式。受到古罗马建筑的影响
巴洛克式	16 世纪末到 17 世纪欧洲流行的样式。多采用精致的装饰以及夸张的表现效果
新古典主义	18 世纪中叶到 19 世纪初在欧洲流行的样式。与巴洛克式和洛可可式形成对比，以模仿希腊、罗马时代古典形态为特征

2.2.5 色彩可视性的原理

室内设计有色彩、素材、形状三个要素。其中色彩起到很大的作用。除了能改变室内设计的呈现风格和印象以外，也会产生心理和生理效果。所以不仅要展示空间的美感，也要考虑颜色对人的感受的影响，选择适合使用目的的色彩，避免使用让人感到不愉快的色彩。

因此，不能任凭感觉进行色彩处理，而需要了解色彩的结构和搭配等色彩基础知识。

能够感知颜色是通过光源、物体、视觉这三个必要元素来实现的。太阳光等的光是"波"，不同波长会呈现不同的颜色。太阳光等是由不同波长的波混合组成的，我们眼中所看见的色彩其实就是看到不同波长的波。

色彩可视性的原理

物体表面的颜色是物体的反射光进入眼睛，刺激神经从而传达给大脑的视觉中枢的。中枢神经根据波长的不同，判断为特定的颜色

光波与光谱

太阳光等的可视光线是电磁波的一部分，具有波的性质。由不同波长的波混合组成的太阳光所呈现在我们眼中的颜色为白色，但通过棱镜可以看到这些混合的光波按照波长大致可以被划分为 7 色光带。这些光带称为光谱，被划分出的各色光称为单色光

光的波长不同，颜色也不同

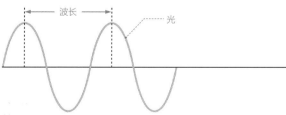

光是波（电磁波），波长不同颜色也不同。波长就是波形的两个顶点的间隔长度，波长长［约 770nm（纳米）］则呈现为红（赤）色，波长短（约 380nm）则呈现为紫色

色彩的基本原理

不同颜色混合在一起可以变成多种不同的颜色，但是由光混合而成的颜色和由绘画颜料混合而成的颜色是不同的。

光的三原色是红（R）、绿（G）、蓝（B），这些光混合在一起会增加明亮度，所有的颜色混合在一起就会呈现白色。我们把这个原理称为加法混色。

另一方面，颜料的三原色是紫红、黄、蓝绿，这些原色混合在一起则形成黑色。我们把这个原理称为减法混色。

太阳光等照射到物体上时，其中所包含的光（颜色）一部分被反射，另一部分被吸收。因为光的吸收、反射情况各异，所以物体呈现不同的颜色。

光的三原色和颜色的三原色

● 光的三原色的混色 "加法混色"　● 颜料的三原色的混色 "减法混色"

光的三原色——红（R）、绿（G）、蓝（B）混合在一起，就会呈现出白色

颜料的三原色——紫红、黄、蓝绿混合在一起，就会呈现出黑色

颜料可视性原理

光（实际是所有颜色混合而成的白光）

颜料

反射光（实际是混色光）

蓝绿色

眼睛

由于红色被吸收，而绿色和蓝色被反射，所以呈现为蓝绿色

颜料

紫红色

眼睛

由于绿色被吸收，而红色和蓝色被反射，所以呈现为紫红色

颜料

黄色

眼睛

由于蓝色被吸收，而红色和绿色被反射，所以呈现为黄色

2.2.7 色彩的表现方法

即便是相同的蓝色，也有深蓝、浅蓝等无数种的颜色之分。颜色的表现手法除了使用群青色、淡蓝色等常用词语来表现对颜色的印象以外，还有定义颜色的相对位置关系，用数值和记号进行定量、系统化表现的色系表。通过色系表可以正确地再现颜色。

我们将红、蓝、黄等有色彩的颜色归类为有彩色，将白、灰、黑等无色彩的颜色归类为无彩色。有彩色将颜色的三个属性——色相（配色的不同）、明度（明亮度）、饱和度（鲜艳度）集于一体。而无彩色的颜色仅通过明亮度来表现颜色的体系。

将色相按照波长的顺序进行排列，再加入在光谱中看不到的红紫色，将色相按照环形排列被称为色相环。表现色彩的有孟塞尔色系、奥斯特瓦德色系、日本色研配色体系（PCCS）等众多体系。体系不同，色相环也是各种各样、不尽相同。色相环中相对的颜色称为互补色，相近的颜色称为同类色。

色相·明度·饱和度

有彩色通过色彩的三个属性——色相（配色的不同）、明度（明亮度）、饱和度（鲜艳度）被体系化，而无彩色仅通过明亮度来表现色彩的体系

色相环与孟塞尔色相环

色相环是将颜色按照波长顺序进行排列，对色相的变化进行系统的表现。颜色之间的关联性通过排列和对面的位置关系等进行表现

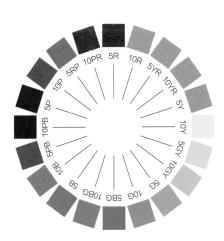

美国画家、美术教育家阿尔伯特·孟塞尔设计发明的表色法——色相环。在红（R）、黄（Y）、绿（G）、蓝（B）、紫（P）5 个基本色的每个颜色之间分别加入黄红（YR）、绿黄（GY）、蓝绿（BG）、紫蓝（PB）、红紫（RP）5 个中间色相，变成十个色相，再将每个色相进行十等分变成 100 个色相的色相环

日本色研配色体系（PCCS）的色调

日本色彩研究所以色调调和为主要目的发布的系统。是通过颜色的明度与饱和度的搭配，对色调（色彩效果）进行分类的体系。利用明亮、暗淡、浅淡、暗沉、鲜艳等词语进行描述，能够将颜色的印象直观地表现出来

常用颜色举例

常用颜色和名称		孟塞尔数值
	茜草根色（暗红色）	4R 3.5/11
	浅葱色（淡青色）	2.5B 5/8
	利休鼠色（灰绿色）	2.5G 5/1

一般广泛使用的颜色名称大多取材于动物、植物和矿物等。日本工业规格（JIS）还按照"物体颜色的色彩名称"对颜色名称作了规定

2.2

室内设计的色彩规划

专栏　**室内设计师随身必备的彩色样本**

在室内设计的现场，大多利用日本涂料工业协会涂料用标准色（通称日涂工）的颜色样本卡和 DIC Graphics 有限公司的"DIC 色彩指南"等颜色样本卡对颜色进行指定，因此在进行室内设计时颜色样本卡必不可少。

2.2.8
配色及情感效果

室内设计大多是将不同的颜色组合使用，两种以上的颜色相组合称为"配色"，而让看到的人感到愉悦的配色是协调、和谐的配色。

根据不同的颜色组合情况，邻近的颜色之间会相互影响，出现看到的颜色与本来的颜色不一样的现象，这叫作"色彩的对比"。而色彩的对比又分为色相对比、明度对比和饱和度对比。

从远处能够看清楚颜色的程度叫作"色彩的视认性"，视认性在道路标识和图标设计上被有效地应用。视认性随着背景和文字以及图案色彩的色相、明度和饱和度的差异变大而变强。

作为配色的基本模式，同一色相中不同明度和饱和度的颜色的相互组合叫作同系色。色相环中相邻颜色的组合叫作同类色。色相环中180°相对颜色的组合叫作互补色。色相不同、色调相同的组合叫作同调色。

色彩的对比

● **色相对比**
指两种颜色的色相有很大差别，与互补色的颜色相近

● **明度对比**
指亮色更亮，暗色更暗

● **饱和度对比**
指饱和度高的颜色更加鲜艳，饱和度低的颜色更加暗沉

色彩的视认性

背景和文字以及图案色彩的色相、明度和饱和度之间差异更大的左图的视认性更强

配色的基本式样

● **同系色**

同一色相的颜色组合配色，颜色正统易于处理

● **同类色**

通过使用色相接近的颜色来达成统一感的配色。配色时需注意颜色间的分配比例应做到有张有弛

● **互补色**

颜色之间互补互惠的配色，但是色彩过于鲜艳容易产生刺激性效果

● **同调色**

颜色数量即使很多也相互调和的配色，色调所具有的印象被加以强调表现

2.2.8

色彩能够给人活泼、爽快、可爱、温暖、冰冷、轻飘、厚重等多种印象，这些印象直接影响到人的心理和感觉。

利用这些颜色给人带来的印象，选择颜色进行组合，可以让狭小的房间看起来宽敞或者营造出具有轻松氛围的环境。

暖色系和冷色系

● 暖色系

红色、橙色、黄色等暖色系的颜色是可以让人感受到温暖的颜色，也让人产生兴奋和空间距离近的感觉

● 冷色系

蓝色和蓝绿色等冷色系的颜色是让人感受到冷冰冰的颜色，也让人感到沉静和感觉空间距离很远

不同的颜色会带来不同的空间轻重感

● 呈现轻快感的空间

用明度高的明亮的色彩对空间进行处理，给人以轻快的印象

● 呈现厚重感的空间

用明度低的暗淡的色彩对空间进行处理，给人以厚重的印象

● 使用了暗色地板的空间

使用暗颜色地板的空间具有沉稳安静的氛围，而顶棚使用明亮的色彩则可以演绎出开放感

● 使用了暗色顶棚的空间

使用暗色顶棚让人感觉顶棚比实际的高度看起来要低并且具有压迫感。但另一方面，也可以演绎出沉着平稳的氛围

2.2.8

2.3 | 室内设计的照明设计

灯光照明不仅是让黑暗的地方变亮，还可以通过光和影的阴影效果，演绎出有印象感的空间。通过对照明灯具的形状和光源特性的理解，结合功能以及演示效果，营造出具有魅力的照明设计。

2.3.1 整体照明和局部（辅助）照明

照明可以大致分为将房间全部照亮的整体照明，以及对整体照明的光线不能充分照射到的部分进行亮度补充的局部（辅助）照明。整体照明和工作部分的照明也分别叫作环境照明和作业照明。

照明器具可以直接安装在顶棚表面，也可以埋设在顶棚里面，还可以从顶棚处用电线和金属线悬吊设置。此外还有放在桌子和地板上的灯具。

照明灯具根据设置的地点和安装方式的不同，分类和名称也有所不同。

各种整体照明

● 筒灯

埋设在顶棚里面的照明。适合顶棚比较低的空间和简洁的空间

● 吊灯

从顶棚处用电线和金属线悬挂起来的照明。在桌子上方设置的时候，应根据桌子的大小和款式等进行灯具的选择

● 欧式水晶吊灯

欧式水晶吊灯是一种装饰性很强的灯具，展示出华丽的空间感觉

● 吸顶灯

直接设置在顶棚表面，是最普通的一种照明器具

各种局部（辅助）照明

● 射灯

照射挂在墙上的画等特定物体时使用。当整体照明的灯光过于明亮时，用射灯效果不好。射灯适合用于较暗的空间内

● 地脚灯

设置在过道或者楼梯等贴近地板的墙面上。起到照射脚下空间、提高安全性的作用

● 台灯、落地灯

补充身边亮度的照明，灯具自身的设计具有装饰室内空间的作用

● 壁灯

安装在室内墙面的照明装饰灯具。通过照射墙壁可以演绎出具有进深的空间

其他的整体照明

● 均匀照明（埋设在顶棚内的方式）

● 均匀照明（悬吊在顶棚上的方式）

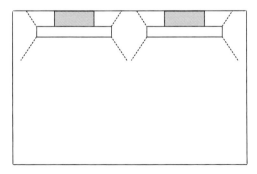

将照明灯具埋设在顶棚内或者是悬吊在顶棚上的方式，照亮全体空间。在办公室和学校等大面积空间进行均匀照明时使用

2.3
室内设计的照明设计

2.3.1

2.3.2
直接照明和间接照明

照明灯具的设置方法有从顶棚向下直接照射的直接照明，以及光照射到墙壁及顶棚，通过其反射的光来照明的间接照明。

直接照明的照明效率高，部分空间可以有强光照射，但是有时也会造成同一空间的明暗差的区分过于明显。

另一方面，因为间接照明利用的是反射光，所以不会有刺眼眩晕的感觉，可以营造出一种沉静、安定的氛围。

间接照明中还包括照明灯具不暴露在外面，采用埋入式，或者与建筑的顶棚及墙壁等进行一体化设置的建筑化照明。

建筑化照明以暗灯槽照明为代表，还包括檐板照明、均匀照明和发光顶棚照明等。

直接照明和间接照明的不同

● 直接照明

● 间接照明

直接照明指的是在空间内的光源以及照明灯具可以看得见的，间接照明指的是光源隐蔽在顶棚和墙壁里面，无法直接看到光源设置的隐蔽照明

各种建筑化照明

● 暗灯槽照明

顶棚的边界处一部分向上折或者下折，做成槽状构造，在槽内布灯，用柔和的灯光均匀地照射室内整体

● 檐板照明

在墙体内做成凹入空间安装灯具，可以大范围地照亮墙面

● 均匀照明

安装在墙边，照射墙壁上下的照明

● 发光顶棚照明

在用细长的平板按照一定的间隔平行配置的格栅上部设置照明，将光进行扩散照射

2.3.3
照明的组合及效果

与空间使用目的相匹配，以及作为提升空间演绎效果的手法，照明灯具也会做组合设置。

将照明灯具进行组合的话，光的阴影会让室内的印象产生变化，因此需要理解照明灯具的特征，在设想照明给空间带来的效果的同时考虑室内的布局。

例如，只有吸顶灯照明的场合，光线均匀地在空间中扩散，会让人对空间有平坦的印象，筒灯和落地灯组合可以衍生出明暗的变化，从而产生深度及立体感。还有，壁灯和落地灯的组合可以产生柔和的光线，演示出让人放松的空间。

照明灯具的组合和效果

● 单独吸顶灯

吸顶灯从高处照射房间全部，光的阴影少，房间整体采光比较平均。这种照明方式比较适合工作室和儿童房

● 筒灯 + 落地灯

筒灯可以将房间营造出明暗部分，落地灯照射低处，给人带来沉着安静的印象。衍生出空间的明暗变化，适合客厅等让人轻松惬意的地方

● 壁灯 + 落地灯

壁灯在照亮墙壁的同时也成为间接光。柔和的光线照亮整个空间。壁灯的设计款式也会成为房间的点缀

2.3.4
光源的种类

照明效果不仅与照明灯具的形状有关，使用何种光源照明，效果也会有很大差异。

作为光源的灯具有很多种类，大致可以分为白炽灯、荧光灯、HID 灯、LED 灯等。

白炽灯就是通常所说的电灯泡，发出柔和的带有红色的灯光，让人感觉温暖。

荧光灯比白炽灯发光部的面积大，不易形成轮廓的强影，在消耗同等电量的情况下，发光效率高（亮）、寿命也长。

除此之外，还有比白炽灯体积小且光的强度高、寿命是白炽灯的 2~4 倍的卤素灯，以及公共设施和商业设施等大规模空间中使用的 HID 灯、节能性非常优越的 LED（发光二极管）灯等各种各样的光源。

根据照明器具的不同，插口连接的金属盖，会有螺口和卡口等不同形状。

:::: 各种光源

● 白炽灯

硅球灯泡

氪灯泡

镀反射膜白炽灯泡

可以制造出强阴影，有立体的空间效果。玻璃也有透明的款式

● 荧光灯

直管形

灯泡形

除直管形和圆形等形状之外，还有日光色和灯泡色等，光的颜色样式也是非常丰富的（图片提供：DN 照明）

2.3.4

各种光源（续）

● 卤素灯

管球里面使用石英玻璃，装入碘等卤素气体的小型灯泡。光的颜色接近自然光，带有白色和青色的光。与白炽灯相比，卤素灯的亮度高，寿命长。车的前照灯等也会使用。左图为带反射镜的类型

● LED 灯

左上角是灯泡样式、右上角是带有镜子的卤素灯样式。左下角是带状灯样式，可以使用在狭窄的地方和曲面上。右下角是没有接缝的样式，因为到灯具的末端都可以发光，所以即使连接使用也不会在灯具的连接部分产生阴影（图片提供：DN照明）

金属口尺寸示例

● 螺丝口型

E17 和 E26 是普通灯泡用得比较多的尺寸，E39 主要用在中大型的 HID 灯泡上

● 卡口型

两根插头插在插座孔中，用于小型的卤素灯和小型的 HID 灯等（图片是卤素灯用的尺寸）

2.3
室内设计的照明设计

2.3.4

2.3.5
色温和配光、显色指数

作为表示光源性质和性能的指标，有色温、配光、显色指数、亮度和眩光。

色温指把光源的光的颜色用温度来表现的指标。红色色温低，蓝色色温高。色温的单位用K（开尔文）表示。白炽灯的色温是2800K、白色荧光灯的色温是4200K，青蓝色荧光灯的色温是6500K。

自然光及光源的色温

自然光和光源的色温概略值。制定照明计划时，需要考虑不同色温引起的感知印象的变化

光源色温的不同

一般来说，光源的种类和照明器具的色温各不相同。即使在同一空间内，光源的色温不同，印象也会大不相同。色温越高越有凉爽的氛围，越低越可以演绎出安静的氛围

"配光"表示的是光源在空间哪个方向（角度）分布多少光强（亮度）的指标。

配光大致分为两大类，光在空间中发散的"扩散"和向某一方向集中的"汇聚"。除配光的种类之外，光源及照射面的距离不同，视觉效果及空间氛围也会发生改变。

色彩的视觉效果会根据光源的不同有所不同。与太阳光相比，在光源照射物体时呈现的颜色的视觉效果叫作"显色指数"。

当某种光源下显现的颜色与太阳光照射下的颜色接近时，这样的光源叫作显色指数高的光源。

照明下的空间氛围会随着光源的性质和性能、内装材料的光反射情况发生变化，因此照明计划也需要考虑内装材料的反射率。

配光曲线和直射水平面分布图

配光曲线是用曲线来表现肉眼无法直接看到的光的形状和强度，以及对应的方向（左图）。在哪个方向分布多少强度的光（光强）用极坐标来表示。右图是直射水平分布图，根据照明器具的安装高度和方向来表示可以得到多少照度。从这些配光数据可以了解每种灯具照射的广度及亮度。配光数据作为选定光源和照明器具的参考依据，记录在照明厂家的产品目录里（图片提供：DN 照明）

配光角度的不同所带来的照明效果

● 狭角　　　　　● 中角　　　　　● 广角

照射到墙面的光线，随着配光的范围变化，给人的印象感觉也会有变化。除了发散型和汇聚型的不同以外，即使是同一种配光，到墙面的距离不同，光的强度也会有变化

显色指数

显色指数的单位是 Ra。Ra 指数越接近 100，显色效果越好，越接近自然真实的颜色

表示光源的性能和性质的其他指标

消耗电能	表示光源在单位时间内消耗的电能。单位是 W（瓦特）
照度	单位面积上所接受的光的光通量（光的能量）。单位是 lx（勒克斯）
光束	光源在单位时间内发射出的可视光线的能量。单位是 lm（流明）
亮度	光源在单位面积上的照明亮度。单位是 cd（坎德拉）
眩光	刺眼的程度。用来表示视觉作业中由多余光线产生的现象

2.4 尺寸和模数

在室内设计中，除了功能性、安全性和便利性以外，更要考虑到心理上的舒适性。因此，有必要掌握关于在空间中人和物的尺寸以及活动所需空间的知识。模数（基本尺寸）作为尺寸的标准，在提案时可以作为一种有效手段加以利用。在本节中，将对尺寸与模数进行说明。

2.4.1 人体尺寸

人体尺寸是人体工程学的基本尺寸。人体本身的尺寸被称为静态人体尺寸。

人体的大小通常通过身高、坐高、体重等进行表现，身高和人体各部位测量值之间大致成比例。

因此，经常使用以身高作为基准计算出来的人体主要部位换算值。而这个换算值，是在设计椅子和床等与人的姿势相关的家具时的重要基准尺寸。

人体尺寸的概算值

图中的换算值是以设纵向身高、横向臂展为 1 的概算值。利用换算值以身高作为基准可以推算出其他各部分的尺寸。人体各部分尺寸中，纵向与身高、横向宽幅等与体重成正比。与人体姿势相关的家具就是以这个换算值作为基准尺寸的人在进行伸手、起立等活动时必要的空间尺寸称为动态人体尺寸。

人的生活行为有站姿、坐（椅）姿、坐（地）姿、卧姿4种基本姿势。

在一定场所进行作业时，身体各部位能够接触到的水平或者立体空间范围称为作业区域（活动区域），表示这些空间范围的尺寸就是活动尺寸。

在考虑空间大小时，需要包括活动尺寸、家具等的空间、不会因作业而造成身体负担的宽裕空间和连续活动时的空间等等在内的活动空间。

人类操作机器的扶手、把手和拉杆等的尺寸被称为功能尺寸。功能尺寸除了要考虑手的大小以及易操作、易受力等操作尺寸以外，也要考虑余量尺寸。

设计衣橱和书架等储藏家具及门把手、开关等安装在墙壁上的设备时，一般要优先考虑垂直方向的人体尺寸。高度方向的尺寸在配合人体尺寸的同时要以方便操作为重点设定安装位置。

生活行为的4种姿势

❶ 站姿

直立　　稍稍前倾

❷ 坐（椅）姿

端坐姿势　　休息姿势

❸ 坐（地）姿

正坐　　立膝

❹ 卧姿

侧卧·肘立

仰卧

在日常生活中，人们会使用各种各样的姿势，室内设计也要考虑这些行为以及功能性

水平作业区域和立体作业区域（单位：mm）

● 水平作业区域

------ 最大作业区域
—·—· 通常作业区域

在桌子等的水平作业面上，手臂弯曲状态下手所能接触到的范围称为通常作业区域，而手臂伸展状态下手所能接触到的范围称为最大作业区域

● 立体作业区域

最大

通常

手臂上下活动时与水平作业区域组合的区域称为立体作业区域。与水平作业区域相同，可分为通常和最大作业区域

活动空间的考虑方法

活动空间是指坐在椅子上时的主要的身体尺寸"人体尺寸"及坐在椅子上手脚活动的尺寸"活动尺寸"相结合，还要考虑到作业区域的宽裕、家具和展示用具的大小。利用直角坐标系来表示

扶手和把手等的功能尺寸示例（单位：mm）

以成人的手的大小为例。除了要把握活动时所必要的功能尺寸以外，还需要考虑到操作性，让任何人都可以简单易懂的操作是非常重要的

储藏柜和设备的设置位置示例（单位：mm）

● 储藏柜

图示是以成年男性为例。括号内的数字是与身高的比值

● 门的周边

门把手的高度，以手腕伸直的状态下施加很小的力就能够转动把手的900mm为标准

在生活空间里会有各种各样的活动和行动，所需空间大小就是由这些活动和行动所决定的。把多个活动的空间组合在一起构成的生活行为的空间领域被称为单位空间。住宅等的生活空间就是这些单位空间组合后所设计出来的空间整体。

在商业空间中，除了拿取陈列商品以及交付的活动空间以外，人们进行行走往来的空间也是必要的。

另外，在面对面销售的场所，要充分考虑顾客驻足选择商品、交错行走等情况下所需空间来设计中央过道的宽度。在自助销售的场所，就要充分考虑购物篮和手推车的交错情况来研讨过道宽度。另外还要根据《消防法》的规定，确保用于紧急避难的足够宽度。

生活空间里的活动空间（单位：mm）

● 穿上衣 　　● 打开抽屉 　　● 洗脸 　　● 手捧物品上楼梯

● 做家务

通常状态下手所能达到的范围

厨房的水槽及操作台的高度，在 JIS（日本工业规格）中有 800、850、900、950（单位 mm）四种规格

商业空间里的活动空间（单位：mm）

● 面对面销售时的活动空间

销售员　　　　　主过道　　　　　销售员

450　600　600　　1800以上　　600　950

顾客行走流量最大的通路称为主过道。主过道最好能使3个人并排通过，保持1800mm以上（1人的宽度为600mm）的宽度

● 自助销售时的活动空间

2100　　1800

500　1200以上　900　1200以上　900

过道　　　　　过道

1350　　1800

1050　1200　1050　900

图中记载的尺寸均为功能上所需的最低限度的尺寸，根据商铺规模和卖场布局的不同而变化

2.4 尺寸和模数

2.4.3

2.4.4
活动和行动的心理要素

在进行多数人共存空间的室内设计时，人与人之间的距离和位置关系非常重要。人们以某种形式拥有与他人相关的生活，根据相互之间的关系和状况的不同，为了方便自己，而与他人保持一定的距离。文化人类学家爱德华·霍尔根据人际交流本质的不同将与他人的距离分为亲密距离、个体距离、社交距离、公众距离4个类别。

另外，人们还需要有自己的个人空间（环境心理学家罗伯特·索默所提倡的）。它被定义为"围绕在每个人身体周围的、别人难以进入的气泡似的看不见的领域"。

个人空间一旦被侵犯，就如同隐私被侵犯一般，会令人产生不安和紧张的情绪。个人空间的大小，根据性别、民族、文化、地位或者与对方关系等的不同，也会有微妙的区别。

4 个距离

亲密距离

近距离	远距离
0cm	15～45cm

关系非常亲密的人之间的距离。身体上密切接触或牵手

个体距离

近距离	远距离
45～75cm	75～120cm

关系亲密的友人之间的距离。可以更清楚地看清对方的表情，彼此能够感受到对方的气息

社交距离

近距离	远距离
120～215cm	215～370cm

与个人无关联的人之间的距离。正常说话可以听到的程度

公众距离

近距离	远距离
370～760cm	760cm 以上

单方面向无关人群转达信息时的距离。随着声音的变大，说话方式也会变化

个人空间

● **男性（站姿）**

● **女性（站姿）**

❶：可维持现状　　❷～❸：可维持现状一段时间　　❹：希望立即离开

上图中男性、女性均为从上方俯视的站立状态。人站在横轴和纵轴的交点上，通过与他人的位置和距离来表现出个体的不同感受。男性倾向于讨厌其前方有人，与此相对的是，女性倾向于讨厌被周围其他人看到

人与人之间为交流沟通，面对面的位置关系称为社会向心空间。相反的，不愿意维持关系，身体呈反向的位置关系称为社会离心空间（文化人类学家爱德华·霍尔的学说）。

通过人与人之间的相对位置关系的不同，能够表现出竞争、同时工作、配合工作和对话等关系性。

人类的活动和行动中，具有一些无意识活动的特性。例如，右撇子的人握住门把手时会向右旋转。我们将这样的动作、行动倾向和习惯称为刻板印象。根据地域和民族的不同，刻板印象也不同，例如欧美和日本在家具配置上就有区别。

社会向心空间和社会离心空间

● 社会向心空间　　　　　● 社会离心空间

社会向心空间是会议和团聚时所采用的面对面式的群体形态。而另一方面，社会离心空间则是以隐私优先，相背离的位置关系

人与人之间的位置关系和各种关联性

● 竞争

与对方保持距离，采取相对的位置

● 同时工作

与对方保持空间性、视觉性的距离所采取的位置

● 配合工作

为了相互传递物品所采取的近距离位置

● 对话

为了方便沟通交流而采取的靠近位置

根据习惯和传统不同具有的活动特性的示例

● 日本

● 欧美

在房间内摆放桌子时，日本以朝向窗户摆放居多，而欧美则倾向于朝向门摆放

2.4.5
各种物品的尺寸

储藏家具的大小，根据其所要储藏的物体大小和形状的不同而定。

对于储藏家具来说，是否能够保证储藏量、取放便利和存放整齐是非常重要的。因此，知道物体大小的同时，还要把握物体重叠、悬挂的储藏方式的尺寸。

在商铺设计上，以日常器具尺寸的标准化、储藏量适当、便于拿取以及直观可见等功能性与外观性的搭配比例为主，同时也要研讨是否与空间的大小和素材相匹配。

餐具的尺寸（单位：mm）

服装的尺寸（单位：mm）

● 男士服装的尺寸

● 女士服装的尺寸

● 折叠状态的尺寸

服装除了男性、女性和儿童服装的尺寸不同以外，衣架悬挂、折叠等储藏方法的不同也会改变所需空间

储藏与陈列尺寸（单位：mm）

● 储藏尺寸

● 陈列尺寸

以 1m 宽的衣柜所能储藏的衣服件数来计算，男士套装能储藏 13 件，而女士大衣和套装能储藏 16 件。人均所需的衣柜宽度最好设定为 1.5—2m 的标准

专栏 **商品陈列架的黄金位置**

区域	高度	说明
主题区		从过道等角度容易看到、视认性高的展示空间。配置标识等吸引视线，可吸引来店
	1700—1800mm	
展示区		商品容易被看到，方便拿取
	约1400mm	有效陈列范围（销售空间）＝黄金空间
接触区		商品容易被看到，方便拿取。最希望销售的商品陈列于此
	约750mm	
存储空间	450—600mm	必须弯腰才能拿取的商品

　　陈列商品的高度左右着商品的销量。在商品陈列架上，商品容易被看到并拿取方便的空间称为有效陈列范围（销售空间）。这个空间也被称为黄金空间，用于陈列最希望销售的商品（畅销商品、推荐商品、新品、促销商品、利润高的商品）

2.4
尺寸和模数

2.4.5

2.4.6
模数

建筑中所谓的模数可定义为"决定空间和构成材料的单位尺寸或者是尺寸体系"，在制定计划时作为一种有效的手段被使用。

近代建筑三大巨匠之一的法国建筑师勒·柯布西耶提出的模数是根据人体尺寸和黄金比结合确定的尺寸体系，是从建筑的视觉方面、功能方面和工业生产方面这三点来考虑的。

在日本，作为建筑空间设计标准的模数有两种。一种是以柱与柱中心间隔 3 英尺 =910mm 为基准的英制模数。还有一种是以柱与柱的中心间隔 1000mm=1m 为基准的米制模数。

英制模数用于木结构建筑上，米制模数使用在钢结构和钢筋混凝土构造上。

室内设计时，构成材料和组合家具等使用同一种模数的标准尺寸。

勒·柯布西耶的模数

红	蓝
6	
9	11
15	18
24	30
39	48
63	78
102	126
165	204
267	330
432	534
698	863
1130	1397
1829	2260
2959	3658
4788	5918
7747	9576
12535	15494

人体的身高和手伸直的尺寸与"黄金比"相符合、分割展开，以此为基准做成的蓝色和红色两个尺寸并列使其向大小两方向展开，结合身体相关的各种尺寸

英制模数（单位：mm）

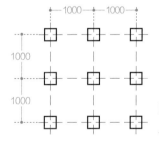

日本的住宅建筑多以英制模数 910mm（3 英尺）为基本尺寸（1 英尺大约为 303mm）。另外，6 英尺（1820mm）定义为 1 间，1 间 × 1 间定义为 1 坪

米制模数（单位：mm）

以柱与柱的中心间隔 1000mm 为基准尺寸

英制模数与米制模数的不同（单位：mm）

米制模数比英制模数面积大 20%（左图）。另外，米制模数下，过道宽度和卫生间等室内的有效宽度比较大（右图）

2.4.7 家具的大小

即使以坐为目的的椅子，当用于用餐和休息等不同行为和目的时，其标准尺寸也会有变化。

椅子坐面的高度及面积、椅子靠背的角度可以有很多变化。从办公用的椅子到休息用的椅子，坐面会越来越向后倾，并且高度会越来越低，坐面宽度也会增大。长时间坐在椅子上的话，靠垫也是很重要的。

根据就坐的人数的不同，桌子的大小也会有变化。还有从办公及用餐的便利性等功能方面来说，坐面与桌面的高度差有着很大的关系。

椅子的尺寸（单位：mm）

● 坐凳

坐面最高的椅子

坐面最高，没有靠背。适用于稍微坐一下的时候

● 餐椅

办公和用餐的时候使用的常规椅子

● 沙发

坐面深，腰的部分下沉，长时间坐着很舒服的椅子

根据使用人数的不同宽度有变化

一人用
800~900
900

两人用
1600~1800

三人用
2100~2400

餐桌的尺寸（单位：mm）

● 一人使用时的空间

● 两人使用时的空间

● 四人使用时的空间

● 四人使用时的空间（正方形桌）

● 四人使用时的空间（圆形桌）

● 六人使用时的空间

四人使用时，桌子一般是长方形的。采用比上图大的尺寸的话，空间上会有宽裕。正方形的桌子适合紧凑狭小的房间。圆形桌尺寸太大的话，放在中间的东西不好拿取

2.4.7

桌子的高度（单位：mm）

● 餐桌

700
前后

● 茶几

300
400

如果餐桌桌面和椅子坐面的高度差在 270～300mm 范围内的话，使用起来比较方便。还有，茶几与沙发的坐面同等高度或者稍微高一点的话，便于放置茶杯。茶几高度低的话，会不方便使用，但是会感觉空间宽敞

商店的桌子的尺寸（单位：mm）

● 两人使用时的空间

500～600

1800
～
2100

● 四人使用时的空间

900～1200

1800
～
2100

● 六人使用时的空间

1350～1800

1800
～
2100

设计休闲餐厅和咖啡店的桌子样式和尺寸时，需要考虑店铺的规模和客人的翻台率（用来表示一天内多少客人使用过同一张桌子的指标）

2.4.8 空间的大小

家具的标准尺寸加上活动尺寸决定了空间所需的最小尺寸。

空间内进行着各种各样的活动，配置家具的数量和种类也是多种多样。这种场合，家具和人的关联性以及连续活动所需的尺寸和摆设方法对空间有很大的影响。

在有限的空间内布局家具并确保不偏离使用目的，需要在确认了这些尺寸的基础上再推进方案。

⠿ 餐桌周围的尺寸（单位：mm）

高度差 270～300

680～720

600 拉出椅子的时候　400～500 坐下的时候　600～900 从坐着的人后面通过的时候

确保桌子和椅子组合时所需的空间外，还需要确保人在站立、就座和从坐着的人的后面通过时所需的空间

⠿ 家具的大小和摆放以及餐厅的大小（单位：mm）

● 两座

2200～

1100～

● 四座长桌

2350

1700

● 正方形桌
（1000mm 正方形）四座

2500

2500

● 圆形桌
（直径 1000mm）四座

2500

2500

● 长方形桌
（W1600×D850mm）六座

2350

3100

设计餐厅大小时要考虑到与其相邻的空间，如厨房和客厅

茶几周围的尺寸（单位：mm）

沙发和茶几的中间需要留有脚可以伸展的空间

放松休憩时所需要的空间尺寸（单位：mm）

● 一座

1100
～
1500

650～900

● 两座

1100
～
1500

1400～1800

● 两座（L形）

1500
～
1900

1500～1900

● 两座（对面）

2200
～
2700

650～900

● 四座（对面）

2200
～
2700

1400～1800

● 三座（L形）

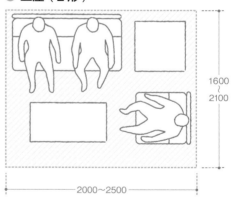

1600
～
2100

2000～2500

沙发和茶几的摆放上，有看着对方的脸交谈的面对面型和可以缓和紧张感的、斜向看着对方进行谈话的L形等

2.4
尺寸和模数

2.4.8

不同家具尺寸和摆放情况下的客厅类型（单位：mm）

● L 形客厅

● 面对面型客厅

● U 形客厅

● 暖炉

靠近角落摆放的 L 形可以有效地利用空间，使房间看起来更加宽敞。沙发组合摆放在房间中央的时候，需要确保周边的过道空间

餐饮店座位的大小（单位：mm）

● 一般客桌

● 长椅

长椅一般沿墙壁设置，桌子可以根据顾客的人数进行自由组合摆放

2.4.8

2.5 | 室内设计的构造和装饰

在室内设计中，相关的主体结构和装饰的知识必不可少，比如建筑主体结构的种类、内装的基层和装饰、门窗的种类等。在本章节中，我们会对以上各要素的构造及其功能进行解说。

2.5.1 建筑主体的构造

我们把建筑物的结构体叫作主体。主体根据使用材料的不同，名称也不相同。

主要的结构体有木结构、钢筋混凝土结构、钢骨结构、钢骨钢筋混凝土结构、配筋混凝土砌块结构，根据建筑规模的不同，结构体也会有变化。

策划房屋改造时，从外侧看不到结构体，因此有必要根据建筑构造的种类来判断内部的结构。

建筑物的结构分类

木结构	日式轴组工法（框架木结构）	
	2×4工法	
	板式木结构	
钢·混凝土结构	钢筋混凝土结构（RC结构）	框架结构
		剪力墙结构
	钢骨结构（S结构）	
	钢骨钢筋混凝土结构（SRC结构）	

结构种类会根据建筑物的规模而改变。一般住宅的话，木结构比较多；大规模建筑物的话，使用钢·混凝土结构

主体

图片为SRC结构的主体。建筑物与主体结构种类无关，由基础、主体结构、外部装饰、内部装饰、室内造型及设备等构成。先进行空间的基本工程，组合地面、墙壁和顶棚，再安装内部门窗后进行装饰（图片提供：decorer）

木结构

● 日式轴组工法（框架木结构）

日本具有代表性的结构方法。由基础、框组、地面组、屋顶组构成，用柱梁等棒状木材搭建而成。柱与柱之间加入斜撑材料加固

● 2×4 工法

2×4 工法的名称是由使用木材的截面为 2 英寸 × 4 英寸而来，也称为框组壁工法，在地面与墙壁的框架上架设板材，通过一体化确保强度的结构方法

钢·混凝土结构

● 框架结构

由柱梁构成，是使用最多的结构类型。除了可做大空间外，可以自由设置户型和开口部。柱和梁大多在室内有突出，有时会产生压迫感，影响家具的布局

● 剪力墙构造

由剪力墙和混凝土地板构成的结构，因为没有框架结构的柱梁突出问题，所以可以有效地利用室内空间。但是因为无法拆除剪力墙，所以有时会限制户型和开口部的位置。另外，无法做出很大的房间

2.5.1

2.5.2
地面的基层

地面的基层可以分为架空型地面基层和非架空型地面基层两种。

架空型地面基层是在基础或者混凝土板上组装龙骨或其他构件后，再装饰地面的方法。多用于木结构或 RC 结构的地面基层。

非架空型地面基层是直接将混凝土板作为地面基层，直接铺设地面装饰材料或者涂层。因为混凝土基层的不平整部分会直接造成装饰面的凸凹不平，所以需要事先用水泥砂浆进行找平处理。

架空型地面基层

● 龙骨型

装饰面材料
胶合板
次龙骨
主龙骨
楼板

在楼板平面上铺设木制地面（主龙骨、次龙骨）时，基层的施工方法

● 支架型

装饰面材料
木屑板
支座+螺栓支架+橡胶垫层
楼板

将带有橡胶垫层的螺栓支架放置在楼板上，通过木屑板调整水平的基层施工方法。也称为活动地板

非架空型地面基层

● 直贴型

装饰面材料
胶粘剂
楼板

在楼板上直接涂胶粘剂、张贴装饰材料的方法。基层不平整的地方会造成装饰面的凸凹不平，因此不适合厚度薄的装饰材料

2.5.3
墙的基层

根据建筑结构的不同，墙壁的构造也不同。

木造建筑中墙的处理方式，有像和式房间那样将墙壁安装在柱子内侧的明柱墙，也有像西式房间那样将墙壁安装在柱子外侧的暗柱墙。

墙的基层在构成材料成分上分为木质基层、轻钢龙骨基层、混凝土墙基层。

木质基层主要运用在木结构住宅上，有将结构体安装在木框架内侧的方式，也有在木框架外张贴板材的方式。

框架木结构工法的墙体结构

● 明柱墙

间柱

墙

柱

● 暗柱墙

间柱

墙

柱

明柱墙是在壁面上能够看到柱和梁，暗柱墙则是将柱和梁隐藏起来，这些都是日本传统的墙壁构造方式

木造墙基层的结构

木框架

石膏板

木造墙壁基层除了应用在木质结构住宅外，也广泛应用在公寓和钢筋混凝土结构的住宅上。石膏板是防火性、隔声性高的板材

轻钢龙骨基层又称 LGS，主要运用在钢骨结构和钢筋混凝土结构的建筑中。在顶棚和地面上设置上横龙骨和下横龙骨，利用支撑卡和通贯龙骨加固竖龙骨，再张贴石膏板的基层结构。

混凝土墙基层的 GL 工法，是在混凝土墙上均匀涂抹球状胶（胶粘剂），然后直接将石膏板压接在上面的施工方法。除了能够减少基层处理外，也适用于没有组装上下横龙骨和支撑卡的空间。

LGS 工法基层

上横龙骨

竖龙骨

通贯龙骨

支撑卡

LGS 是轻型柱的简称。设置间距 455mm 或 303mm 的竖龙骨。具有便于施工、作业时间短的优点。竖龙骨的截面形状有凹字形、山字形、Z 字形等（图片提供：decorer）

GL 工法基层

混凝土墙 胶粘剂

石膏板

拆下石膏板后胶粘剂的痕迹

使用 GL 工法在墙壁上安装重量较大的板材时，为了避免强度不足需要加固部分基层。左图是 GL 工法的概念图。右图是从主体结构上将基层剥离后的状态（图片提供：decorer）

2.5.4
顶棚的基层

顶棚不单单在高度上，其形状的不同也会使室内设计的空间氛围有所变化。因此顶棚是室内设计上需要考虑的重要元素。

顶棚的形状，以平整的平顶棚和倾斜的单斜顶为主，还有舟底顶、折叠顶、断缘顶等根据建筑物构造而形成的各式各样的形状。

另外，不单在形状上，还能够通过设置间接照明，利用明暗度来展示不同的风格。

与墙一样，这些类别的顶棚的基层也有木质基层、轻钢龙骨基层之分。基层是从上方的结构主体垂吊设置。通过吊顶不仅确保了管线、空调器械和照明器具的安装空间，还可以起到隔声的效果。

在 RC 结构等可以直接看到主体结构的骨架顶棚上，不使用顶棚基层。

顶棚的各种形状（剖面图）

● 平顶棚 ● 单斜顶

● 舟底顶 ● 落差顶

● 折叠顶 ● 断缘顶

● 弧形顶 ● 圆形顶

根据形状的不同，室内设计的风格也会发生很大变化。与形状相匹配的照明设计及设备安装也是有必要讨论的

2.5.4

木造顶棚的基层构造

910mm

455mm 455mm

木吊杆

覆面龙骨

承重龙骨

木造顶棚的基层构造由木吊杆、承重木龙骨和覆面木龙骨构成，再张贴吊顶板和石膏板。另外还有将承载吊顶板的覆面龙骨安装在承重龙骨上的木龙骨装饰吊顶

轻钢龙骨顶棚的基层构造

覆面龙骨

吊杆

挂件

承重双层龙骨

承重单层龙骨

轻钢龙骨基层通过挂件和连接件进行安装。基层基本上只有支撑吊顶材料的强度，如果需要从顶棚上垂吊重物，有必要通过将重物与结构主体进行连接等方法进行加固处理

2.5.5
门窗的种类❶
住宅等的门

建筑物的门和窗户等开关使用的部分，在日本通称为门窗。门窗种类繁多，根据建筑物的构造、空间构成和功能的不同，需要选择不同的样式。

门的种类，有 1 扇开关的单开门、2 扇的双开门、2 扇大小不一的子母门和可横向移动的拉门等各种类型。

门的构造

门框（三面框）

门把手（杠杆式手柄）

折页

球形手柄

门把手的种类有杠杆式手柄和球形手柄等，需要根据使用上的便捷度及设计选择样式

门的样式

● 单开门

● 双开门

● 子母门

● 拉门

● 折叠门

开门方向及开门方式也需要考虑。在过道比较狭窄，没有开门空间的情况下，就可以有效利用拉门。而折叠门则适用于门打开空间小并且希望开口部比较宽敞的情况

门的种类有夹板门、镶板门、镶板玻璃门等。

因夹板门的表面看不到框架，内部框架的表面张贴复合板或装饰木板合为一体，具有重量轻、价格便宜的特点。木框门则是利用框架固定四周，再加入中框或镶板而成，因此具有厚重、设计性较高的特点。

门的种类

● **夹板门**

● **木框 + 镶板**

● **木框 + 玻璃**

● **百叶窗门**

百叶窗门是配置了平行叶片（百叶）的门，具有遮挡视线作用的同时也能保证通风性

夹板门的构造

表面材料（装饰木板等）

切口贴边

芯材（木框架等）

夹板门是在木框架等的芯材两面张贴表面材料而成的门。由于具有制作简单、不易变形、与镶板门相比价格便宜等特点而被广泛使用

2.5.6
门窗的种类❷
住宅等的窗户

窗户除了可以对空间内起到通风、换气以及采光的作用外，也具有欣赏窗外风景的功能。

与门相同，根据开关方法和形状的不同分为很多种类，以左右移动式开启的推拉窗为主，还有不可开关玻璃的固定窗、由多个可旋转的水平细长玻璃板构成的可开关的百叶窗，另外还有向外突出的飘窗等。

除此之外，也有人可以进出的大型落地窗和与腰平齐的腰窗等种类。

窗户（推拉窗）的构造

窗副框（四面框）
窗框
月牙锁（窗扣）

也有安装在窗内侧提高隔声性和隔热性的双层窗框等

窗户的种类

● 固定窗

● 百叶窗

● 垂直推拉窗

● 上悬窗

● 立转窗

● 天窗

除固定窗和百叶窗外，还有安装了网格和卷帘等具有防盗功能的窗户

2.5.6

● **落地窗**

● **腰窗**

● **飘窗**

窗框大多使用铝合金窗框，但在寒冷地区也使用隔热性较高的木质窗框。木质窗框也能感受到木的质感

2.5.7
门窗的种类 ❸
商业设施等的门

· · · ·
· · · ·
· · · ·

商铺和朝向设施出入口的门有自动门和推拉门等。

推拉门是（标准厚度12mm的）强化玻璃门，也称"钢化门"。钢化玻璃的强度是一般平板玻璃（P116）的3~5倍，可以将合页和挂钩直接安装在玻璃上。能够营造出只由玻璃构成的开放式空间。

⋮⋮ **商铺入口处使用的门**

● **自动门**

商业设施等一般使用自动门，也有使用触碰后开启的门

双开式弹簧门是将门的上下固定、前后方向均可开关的门，多用于大型超市等的卖场和后勤空间（如仓库和后院）的出入口。

此外，还有使用上滑道的拉门。由于地面上没有滑道等障碍物，门开启后可以自动关闭，因此能够使商品的搬入、搬出变得更加顺畅。

● 推拉门

推拉门可以做成没有门框的门。多应用在浴室等空间中

商铺后勤（后院）使用的门

● 双开式弹簧门

● 上滑道拉门

双开式弹簧门由不锈钢等抗冲击性较强的材料制成，可以利用推车直接将门推开。而上滑道拉门则广泛运用在医院、福利院、工厂等处

2.5.7

2.5.8
地面的装饰面❶ 地板

地面的装饰材料以地板和地毯为主，还有树脂材料和地砖等，各种材料的加工方法及材质等均有不同。

地板是木质的室内地面装饰材料，由一定大小的板材并列拼接而成。木地板分为两种，一种是由整块木材加工而成的实木地板，一种是将切割成薄片的板材张贴成的复合地板。

单层木地板具有木材的自然纹理，而复合地板则具有不易发生伸缩、变形等特点。

还有其他加工方法，如将小块木片拼接组合成一定图案的拼花地板。

木地板的铺设方法有不规则拼法、规则拼法，拼花地板的铺设有方格拼法和人字形拼法等种类，各式各样的图案可以展现出不同的地面造型。

地板是由单板等拼接而成。木地板所用的板材大多是侧面加工出凸起和凹槽而成的，拼接方法有形榫接木拼接和镶木拼接等。

地板地面的构造

木地板

胶合板

龙骨

一般的铺设方法是在 303mm 间隔的龙骨上张贴 12mm 厚的胶合板，再在上面张贴木地板

各种地板材料

● 单层木地板

● 多层木地板

● 拼花地板

木地板的标准尺寸是长度 1820mm，宽度 75～90mm。也有宽度为 60～200mm 等种类

木地板的铺设方法

● 不规则拼法

● 规则拼法

不规则拼法是将长度不等的木地板随机拼接铺设而成,视觉上有不规则感,给人以随意印象的铺设方法;而规则拼法则是将长度相等的地板按照一定的规则错开铺设的方法,给人以井然有序的印象

拼花地板的铺设方法

● 方格拼法

● 人字形拼法

方格拼法也称木块拼花法。人字形拼法因类似鱼骨也称为鱼骨型拼法。装饰性较高,能够呈现古典氛围

地板的拼接方法

● 形榫接木拼接

● 镶木拼接

形榫接木拼接是将地板侧面制成的凹槽和凸起,采用插入式的拼接方法。镶木拼接是将地板侧面各削半分,采用咬合式的拼接方法。形榫接木加工是对接缝进行加固,防止由伸缩产生的接缝和地板的变形、扭曲。在形榫部分斜着钉入隐形钉固定在基层上,完成后在外侧看不到钉子

2.5.8

2.5.9
地面的装饰面❷
地毯

地毯表面柔软，是安全性、保暖性和隔声性较高的地面装饰材料。根据制造方法、材料和设计等的不同分为很多种类。

制造方法上分为刺绣、纺织和压合等；材料上除了绢、毛、麻和棉等自然纤维外，还分为人造丝、尼龙、腈纶等化学纤维。

此外，即使材料和制造方法相同的地毯，根据表面编织形状处理方法，还分为割绒型、圈绒型和圈绒割绒混合型等，外观和手感等也不同。

地毯地面的构造

在整体铺设地毯的情况下，需要在下面铺设衬垫（缓冲材料）和毛毡以达到提高弹性的目的。同时也能提高保暖性和吸声性

地毯表面编织形状的种类

● 割绒型

● 圈绒型

割绒型手感比较柔软，纤维的横断面能够产生微妙的颜色变化。圈绒型具有较好的弹性和持久性，根据编织方法的不同，风格也会发生变化。圈绒割绒混合型则同时具备两方面的特点，装饰性也比较高

将地毯固定在地面的方法，以利用倒刺钉板条将地毯边勾住的方法为主，另外还有固定在墙壁装饰层内侧，以及利用金属压条等进行固定等方法。

拼块地毯是将地毯切割成450mm和500mm的正方形地砖形状，里层铺设加工好的地砖或者利用胶粘剂进行固定。拼块地毯除了能够局部进行更换以外，还可以根据颜色的搭配来设计不同的图案。

地毯的固定方法

● 倒刺钉板条固定法

倒刺钉板条

地毯

● 墙装饰面内层固定法

墙面装饰面

地毯

● 金属压条固定法

金属压条

地毯

最普遍运用的倒刺钉板条固定法会适当拉伸、勾住地毯，相对比较稳定。将地毯与其他种类的地面装饰材料进行衔接的情况下，则多采用金属压条固定法

满铺地毯和拼块地毯

● 满铺地毯

● 拼块地毯

与整体铺设的满铺地毯相比，拼块地毯则可以实现局部铺设。后者可以利用不同颜色间的搭配制作出方格等图案，从而通过各种各样的图案来表现不同风格。另外，也能针对脏污部分进行局部替换，日常保养也比较方便（图片提供：sanngetsu）

2.5.9

2.5.10
地面的装饰面❸
树脂材质地面

塑料、乙烯树脂和橡胶等树脂类的地面材料，外形上分为片材和卷材。

乙烯树脂类的地板块因在持久性和耐磨性方面尤为卓越，而被广泛使用在商业设施、学校和办公场所等。也有 2mm、3mm 厚、大小为 303mm、450mm 被称为 PVC 材料地板的类型，具有色彩丰富的特点，表面设计有木纹理和石纹理。

树脂材质地板的构造

树脂地砖

胶粘剂

砂浆

楼板

由于楼板结构体的不平坦很容易出现凹凸不平的地方，因此有必要利用砂浆等对地板基层进行找平处理。为了更好地固定，还需要在砂浆上涂上胶粘剂

树脂地砖的施工示例

树脂地砖具有多种颜色和设计，因此可以搭配出不同颜色组合及图案。除了铺设 PVC 地板以外，也可以在地砖之间铺设接缝条形成图案

树脂卷材地板能够将拼接的接缝部分进行溶解接合（利用溶剂进行连接），因此能够形成没有接缝的地面。由于没有接缝，多用于给水、排水周边和容易脏污需要频繁清扫的场所。

树脂卷材地板分为有发泡层和无发泡层两种，住宅大多采用被称为软垫地板的有发泡层的材料。另一方面，没有发泡层的较长的树脂卷材地板多用于医院及公共设施等场所。

施工后需进行抛光和涂蜡来润饰，以达到防护的目的。

树脂卷材地板的构造

树脂卷材地板

砂浆

胶粘剂

楼板

与树脂地砖相同，需要对地面基层进行找平处理。卷材接缝处（拼接部分）要利用接缝专用的接缝胶进行溶解接合

树脂卷材地板的施工示例

图中为多用于洗手间等的树脂卷材地板。根据用途不同，地板的性能也不同，在商铺和公共设施等多人步行的场所使用耐磨性较高的地板，称为"重度步行使用地板"

2.5.10

2.5.11
墙的装饰面

当墙的装饰面基层为石膏板时，为在LGS（轻钢龙骨）上固定板材，需将钉入的螺丝的头以及连接部分贴的封墙布的上面开始涂上泥子找平。

当为混凝土基层时，需要用界面剂（基层涂料）处理。装饰面层有涂料饰面、瓷砖饰面、壁纸饰面等种类。

涂料饰面的施工方法，根据材料不同分为铁抹子涂饰、喷涂涂饰、滚筒刷涂饰各种各样的方法。

墙基层的处理方法

将固定石膏板的螺丝的头以及从连接部分贴的封墙布的上面涂上泥子修平整。根据墙壁的状态有时候会全面打泥子。表面的饰面等泥子全干之后再做

墙的装饰面层施工方法

● 涂抹饰面

● 喷涂饰面

● 滚刷饰面

● 瓷砖饰面

● 壁纸饰面

有使用灰浆和硅藻等涂的涂抹饰面，也有使用喷枪将涂料雾状喷出的喷涂饰面，还有棕刷饰面、滚刷饰面、瓷砖饰面、壁纸饰面，根据各自的目的及效果可以有针对性使用（图片提供：decorer）

2.5.12
顶棚的装饰面

顶棚的装饰面层有使用与墙壁装饰相同的喷涂饰面或者壁纸饰面，也有张贴顶棚材料的情况。

使用木材的木质吊顶有条板顶棚和栅格顶棚。栅格顶棚有杉树皮、桧树皮、竹皮等编织而成的。

无机材质中有装饰石膏板制成的石膏吸声板、玻璃纤维板和硅酸钙板等。在基层上张贴这些装饰板材进行施工。因为只需张贴，施工性和维护性能优越，多使用在办公场所及商业设施。

顶棚的装饰材料

● **条板顶棚**

● **栅格顶棚**

● **石膏吸声板**

● **玻璃纤维板**

栅格顶棚有箭羽样式、方格样式、石材拼花等编织方法，用在茶室和日式房间壁龛的顶棚上。玻璃纤维板具有不燃性，并且吸声性能优越

专栏　　**室内的装饰材料的凹凸线脚**

室内装饰材料中有一种是凹凸线脚。

凹凸线脚是用凹凸的棒状材料安装在顶棚的四周边缘或者踢脚板上，营造出高级感的室内装饰。顶棚周边叫做吊顶线，踢脚板叫做基板，门周边缘叫做门框线。

吊顶线

门框线

腰线

护墙板

踢脚板

2.6 | 室内设计的材料

室内设计中使用木材、金属、玻璃和树脂等各种各样的材料。材料除了各自本身的特性之外，还有颜色、质感、温度、软硬度等风格，即使是同一种材料也会有不同。理解这一点对在适当的地方选择适当的材料非常重要。

2.6.1 木材

自然素材的木材会让人有温和感，在室内设计中被广泛应用。

木材不易传热，保温性能优越，有吸湿性好和易于加工等优点。另外，木材易燃易腐烂，有节子及翘曲，因此强度不均匀。

木材干燥后会发生断裂及变形，自然材料有无法做到均一化和无法量产等缺点。

可选用的树木有很多的种类。大体上分为针叶树和阔叶树。针叶树是常绿植物，叶子细且尖，枝干笔直。

代表性针叶树的木纹及花色

● 柏树

白色系。使用在建材和浴缸等地方。有强烈的芳香和特有的光泽，耐水性及耐候性能优越

● 白木

白色系。使用在建材和家具等地方。强度高，并且易于加工及涂饰。耐久性稍弱

● 松树

黄色系。使用在室内造型和家具等地方。瑕疵少，易于加工，有光泽，饰面美丽

● 米松

黄色系。使用在建材和胶合板等地方。强度高，易于加工。树脂成分多，年轮清晰明了

代表性阔叶树的木纹及花色

● 椴树

白色系。使用在家具和胶合板等地方。瑕疵少，表面平滑。加工性能好，但耐久性低

● 泡桐树

白色系。使用在家具等地方。材质轻软，花纹美丽，瑕疵少，有防潮性

● 美洲桉木

白色系。使用在内装材料和家具等地方。易加工，抗冲击及磨损性能强。耐久性也很好

● 水曲柳

白色系。使用在内装材料和家具等地方。硬度高，不易有裂痕。易于加工和表面涂饰

针叶树为软木，材质轻软，易加工。除了作为构造材料外，还可以使用在室内设计材料、门窗上。

阔叶树以落叶树居多，枝叶横竖生长。木纹的形状和大小各式各样，富有变化，因此被广泛使用在家具等上面。阔叶树被叫作硬木。材质重硬，强度高，不易有刮痕，也被使用在家具、门窗和薄板材上。

室内设计中使用木材时，除了考虑木纹，也要考虑色调。木材有白色系、黄色系、红色系和黑色系等色调。即使是同一种木材，色调也有差别，随着持续的使用，颜色会变深，会衍生出不同变化。

● 枫木

白色系。使用在内装材料和家具上。木质坚硬致密，不易加工。有光泽木纹理，美丽

● 蓖麻木

白色系。使用在家具和胶合板等地方。木质柔软易加工。木纹类似榉树

● 山毛榉

白色系。使用在带腿家具等地方。木质致密坚硬且美丽。韧性好，适合加工曲面形状

● 橡树

灰色系。使用在地板材料及家具上。材质厚重坚硬且易于加工。径切面有虎斑花纹

● 栎树

灰色系。使用在内装材料和家具等上面。纹理粗硬，有一定强度。适合加工曲面形状

● 胡桃

灰色系。使用在内装材料和家具等上面。材质厚重坚硬，抗冲击性强。木质均匀，易加工和上色

● 榉树

黄色系。使用在室内造型材料和家具等上面。坚硬有光泽。木质均匀并且耐久性高

● 柚木

黄色系。使用在内装材料和家具等上面。世界三大珍贵木材之一。耐久性好，易加工和涂饰

● 红木

红色系。使用在内装材料和家具等上面。世界三大珍贵木材之一。光泽美丽，易于加工

● 樱桃木

红色系。使用在内装材料和家具等上面。强度高，使用有色泽的木材，涂饰美丽

● 楔楂

红色系。使用在内装材料和家具等上面。材质厚重坚硬。木纹理美丽，打磨后有光泽

● 非洲红木

红色系。使用在内装材料和家具等上面。材质厚重坚硬。耐磨损性高，防虫性好

● 紫檀

红色系。使用在内装材料和家具等上面。色调独特，研磨后色泽美丽。材质坚硬，耐候性高

● 黑胡桃

黑色系。使用在内装材料和家具等上面。世界三大珍贵木材之一。拥有浓淡相间的美丽木纹理

● 非洲崖豆木

黑色系。使用在内装材料和家具等上面。有很高的装饰价值。强度高，且有较强的抗冲击性和弯曲性

● 黑檀

黑色系。使用在家具和地板柱子上。木质致密、厚重坚硬。耐久性优越

2.6.2
木材的构造和性质

树干的外侧叫作树皮，中心部分叫作髓，树皮和髓之间由木质部分构成。将树木切断加工出来的材料就是木材。

垂直于树干的截面叫作横切面。延年轮切线方向切断呈现木纹理的截面叫作弦切面。垂直于年轮切断呈现木纹理的截面叫做径切面。

对树木的弦切面或者径切面，根据所需尺寸进行木材加工叫做截取木料。

截取木料时，木材分为弦切面和径切面，分别有各自不同的特征。弦切面有表里之分，靠近树皮一侧叫做表面，内侧叫做里面，需要考虑木纹理的美丽和翘曲分开使用。

木材横切面的中心呈红色部分的叫做心材，心材和树皮的中间部分叫做边材。

因木材含有水分，干燥时会收缩，会发生弯曲、翘曲、扭曲等变形。为了降低木材的变形，需要进行自然干燥或者人工干燥后再使用。另外还有防止板材变形的施工方法。

树木的结构

树木不仅是部位的不同，根据木材的采伐方向等分为弦切面和径切面。表情性质等也有所不同

弦切面和径切面的截取木料方法

● 弦切截取　　　　　　　　● 径切截取

弦切材　　　　　　　　　　径切材

截取木料是从原木中尽可能不浪费地截取板材和木方（截面为正方形或长方形）。图中的绿色部分是弦切材，橙色部分是径切材。径切材形变较小，是很好的木材，但是可以从一块原木中截取的量很少

木表面和木里面

- 表面
- 里面
- 髓心
- 心材(红色部分)
- 边材(白色部分)
- 树皮

木表面的纹理比里面更美丽,更适合使用于表面材料。相反,使用在外部时,为了充分发挥心材不易腐烂的特性,也有将木里用在装饰面上的。心材水分含量少、坚硬,木质均匀。边材含水率高,干燥后易变形

干燥引起的木材变形

根据木材的截取部分和截取的方法不同,干燥后的变形也不同。径切材是均一的收缩,所以形变小,弦切材的木表面侧容易凹陷

木材面的变形

● 弯曲

● 翘曲

● 翘曲

● 扭曲

● 方块收缩

木材有随着干燥会收缩的特性,因树干的方向和部位的不同,收缩率会有所不同,所以会产生各种各样的变形

防止变形的施工方法

● 连接板材

● 方向交错排列

● 使用楔形防弯木条

楔形防弯木条

为了防止因干燥引起的变形,除了连接板材的方法以外,还有翘曲和弯曲的方向交错排列的方法以及使用楔形防弯木条等矫正材料的方法

2.6.2

2.6.3
加工木材及种类

从一块原木中根据所需尺寸截取的木方或者板材称为"非人工合成木材"。这种木材保留了木材本来的质感和风格，干燥和吸湿会产生收缩和膨胀等变形。

另外，将薄单板、木方和木片等用胶粘剂粘在一起，胶合而成的叫作"加工木材"。这种板材不易变形且强度高，可以弥补木材（非人工合成木材）的缺点。

加工木材有胶合板、LVL（单板层积材）、集成木材、刨花板等。

各种各样的加工木材

● **胶合板**

将板材旋切成薄的切片单板，按照木质纤维方向互相直交，再用胶粘剂涂抹胶合而成的板。右图是截面

● **LVL（单板层积材）**

单板的纤维方向平行积层胶合，纵向的强度高。多用在家具的芯材和门框等地方

● **集成木材**

将小的木方等沿纤维方向平行排列，在长宽方向上集成胶合而成的木材。多使用在桌子的面板和吧台上

● **刨花板**

将木材粉碎成小木片，使其干燥后，再用胶粘剂在热力和压力作用下胶合成型并研磨成板材。木质比较粗且内部含有空气，因此有良好的保温性和隔声性。除了用作墙壁和地板基层以外，还可以在其表面张贴饰面板材，使用在家具等上面

● **纤维板**

木质纤维成型的板材被称为"纤维板"。根据制造工艺及比重的不同分为"硬质纤维板""MDF""软质纤维板"。比重较轻的MDF（中密度纤维板本图）多使用在家具中

胶合板的表面进行涂饰或贴上实木皮（薄切的天然板材），以此实施表面处理的板材叫作"贴面板材"。实木贴面板材品质均匀，形变少，无须喷涂，可以以较低成本实现天然木材的美观以及设计，因此主要使用在内装和家具的装饰材料上。

贴面板材有张贴实木皮的实木贴面装饰板，也有张贴印有木纹理塑料的特殊加工贴面装饰板。

这种加工材料使用胶粘剂。胶粘剂中含有对人体有害的甲醛，在JAS（日本农林规格）中对释放量的标准有规定。

木质材料的甲醛释放量分为F☆☆☆☆~F☆几个等级。释放量最少的是F☆☆☆☆。从室内空气污染（建筑物相关因素对健康危害的总称）的观点出发，还是应该选择甲醛释放量少的材料。

贴面板材

● 贴面材料

实木贴面板材是将天然木切成薄片贴在单板等的胶合板上

● 贴面材料的张贴方法

顺次张贴　　　**镜像张贴**　　　　**随机张贴**

实木皮有各种各样的张贴手法，观感以及印象都会有大的改变。有代表性的张贴方法有顺次张贴、镜像张贴、随机张贴等

● 特殊加工贴面板材的施工案例

吧台

展示用具

特殊加工贴面板材，是对天然木材以外的材料实施表面处理加工，用于吧台桌面和展示用具等。有将三聚氰胺和聚酯纤维树脂热压在板材表面的合成树脂贴面板材、在板材表面印刷图案或者木纹理的印刷贴面板材、使用各种涂料的彩色喷涂板材、将聚氯乙烯贴在板材上的聚氯乙烯塑料薄膜贴面板材、贴纸和布类的软质材料贴面板材等（图片提供：node）

室内设计材料中使用的金属除了钢之外，还有不锈钢、铝和铜等。

金属材料一般具有强度高、弹性好、形状均一且易加工等特征。但是金属易氧化生锈，因此金属表面需要做防锈处理。

室内设计中使用的金属材料有截面为圆形或者方形的管材，也有截面为直角或者C形的长条形管材，以及薄板、冲孔金属板等板材。

这些材料经过锻压加工、焊接、表面处理等制作出内装材料和内装零件、家具及家具五金件等制品。

各种金属材料

● 管材

圆形管

根据外形和厚度有不同的种类。在室内设计中使用在家具和展示用具的框架、吊管架等上面

方形管

与圆形管一样，使用在家具和展示用具等的框架上面

● 长条形管材

薄板角材

没有进行弯曲加工的平板型长条材料。使用于框架和分隔材料（装饰材料的接缝处使用的材料）处

角材

将平板材料弯曲加工成L形。除了使用在框架和托架上之外，也使用于转角处理、加固材料等处

C形材

将平板材料弯曲加工成C字形。使用于框架、滑轨、接缝、横切口处

● 板材

薄板

板状的金属。除了直接张贴在表面外，也可以弯曲加工后使用

冲孔金属板

在金属板上面打孔。孔的形状、大小有各式各样的种类。具有透光和通风等功能

钢是由铁和碳构成的合金。根据含碳量不同，分为极软钢（表面材料等）、低碳钢（家具五金、构造材料）、高碳钢（弹簧）等。含碳量越少强度越低，越容易加工。

因为钢易生锈，所以表面需要进行烤蓝喷涂和电镀处理等加工。

一般烤蓝喷涂有三聚氰胺烤蓝喷涂，是将三聚氰胺树脂在高温下使其硬化的喷涂方法，因其硬度高、涂膜厚，不易有刮痕，有良好的耐候性。

电镀处理是在表面制作金属皮膜，从而提高耐腐蚀性和装饰性的方法。有镀铬和镀金等各式各样的种类。

不锈钢是在钢中添加铬和镍，具有很好的耐腐蚀性的特殊钢材。其中最具代表性的 18-8 不锈钢含有 18% 的铬和 8% 的镍，使用在厨房的台面、水槽和椅子的框架等地方。表面的处理方式有镜面处理、喷砂处理、直纹拉丝处理和乱纹拉丝处理等种类，每种都赋予不锈钢表面不同的表情。

铝合金是质轻且加工性能好的合金，表面经过阳极处理可以提高其耐腐蚀性。

铝合金材料有冲压件和铸造件。冲压件是经过压延加工的材料，用于桌子的边缘及窗帘滑轨上。铸造件用在椅子的脚、扶手和桌子的底部等。

钢的表面加工

● 烤蓝喷涂

● 电镀处理

烤蓝喷涂除了可以用各种各样的颜色喷涂以外，还可以选择有无光泽。镀铬处理具有较高装饰性和耐腐蚀性

不锈钢的表面加工

● 镜面处理

像镜子一样没有歪曲，有光泽的表面处理。有高级感

● 直纹拉丝处理

看起来像头发丝一样，研磨成长的、连续直线的表面。这是最一般的加工方式

● 喷砂（冲击）处理

在表面喷上细小的金属和玻璃颗粒，形成有凸凹感的表面，给人以柔和的印象

● 乱纹拉丝处理

不是直线，而是像各个方向拉丝的饰面。有稳重而独特的风格

铝合金的冲压件和铸造件

● 窗框（冲压件）

● 桌子的底部（铸造件）

冲压件是对铝合金进行压延加工，可以做出复杂的截面形状。铸造件是将铝浇注到金属模具中使其凝固的材料

2.6.5
塑料

塑料具有轻质、结实，不导电、不漏水和卫生性良好等特点。由于具有着色性、透明性及易加工的特点，在室内设计中被广泛运用。

塑料的种类大致分为可经加热软化、冷却硬化的热塑性树脂和成型后不能再进行加热软化的热硬化性树脂。

室内设计材料中常用的热塑性树脂有聚氯乙烯树脂和亚克力，常用的热硬化性树脂有聚酯纤维和三聚氰胺。

塑料塑形的成型方法以注塑成型和挤压成型为主，还包括中空（吹气）成型、真空成型和压缩成型等方法。这些方法各具特色，根据制作的成品和部件的不同采用适当的方法。

各种各样塑料的型材

● 热塑性树脂

聚氯乙烯树脂	俗称聚氯乙烯。价格便宜，具有耐热性、耐水性和耐磨性等特点。在室内设计中多用于沙发的合成皮革、壁纸、踢脚板和地面材料等
亚克力	除了着色性、抗老化性好以外，具备可与玻璃相媲美的较高透明度的树脂。替代玻璃用在透镜等光学产品和照明器具上。在室内设计中除了被做成椅子、桌子等家具外，也使用在地毯纤维中
聚乙烯	碳氢合成树脂。多用于易成型的食品容器和包装用塑料膜，因此生产量较大。在家具中多用于抽屉轨和中空成型的椅子等
聚丙烯	与聚乙烯相比重量更轻，耐热性和防潮性也更优越。在室内设计中除了用于中空成型的椅子，在衣柜和地毯纤维中也被使用
ABS树脂	除了耐冲击性、耐热性、耐腐蚀性优越以外，还易加工且具光泽度，因而适合用于家具材料。常用在抽屉和椅子的构造、椅子和桌子旋转部位（连接部）的盖子、电器等
聚酰胺树脂尼龙	具有冲击性较强、耐磨性和耐腐蚀性高的特点，在润滑性方面也比较优越，因此除了用在椅子腿的保护帽和小脚轮以外，也用在地毯纤维中
聚碳酸酯	耐热性高、抗冲击性强的透明树脂。作为安全玻璃的替代品常用在隔断、门窗和照明器具等

● 热硬化性树脂

聚氨酯	硬质发泡体多用于椅子的芯材和家具结构体上，而软质发泡体多用于床垫和椅子靠垫。也运用在高级家具用的涂料和合成皮革上
聚酯纤维	具有高强度、耐磨性、耐热性和弹性特征的树脂。除了直接使用外，与玻璃纤维混合强化后的FRP多用于浴缸、防水盘和椅子的结构体等。将贴面纸和胶合板粘在一起涂上聚酯纤维，利用胶膜覆盖使其硬化后的装饰胶合板（聚酯胶合板）常用于门和家具等
三聚氰胺	表面硬，耐热性、耐腐蚀性和防水性能优越。将印有颜色和花纹的贴面纸分别浸渍在三聚氰胺树脂、酚醛树脂中，多使用在表面装饰材料上，利用高温高压积层形成的三聚氰胺板具有很强的耐烧焦特点，因此在厨房的灶台和家具上被广泛运用

着色后的亚克力板

各种加工后的聚酯纤维板

各种加工后的三聚氰胺板

塑料产品的成型方法

● 注塑成型

完成品实例

从注塑机向模具中注入熔融的树脂,将其压入成型的方法。多用于制造较小的物品

● 挤压成型

完成品实例

将熔融的树脂从模具连续挤出成型的方法。多用于软管和管道等的制作。1种模具只能制作出1种断面形状的产品

● 中空(吹气)成型

完成品实例

将熔融的树脂利用模具夹住,从中吹入空气的成型方法。多用于椅子坐面和塑料瓶的成型

● 真空成型

完成品实例

将膜状树脂加热,利用将空气抽出的方法使其吸附在模具上的成型方法。多用于照明器具的外罩和托盘等的成型

● 压缩成型

完成品实例

在模具中注入树脂,加热压缩的成型方法。能够制作出立体感的成型品。多用于盖子状、碗状、盘子状等产品的成型

2.6.5

2.6.6 玻璃

玻璃作为窗户和门等的建筑部件以及家具等的部件而被广泛使用，同时也越来越多地作为室内设计和内部装修材料使用。

玻璃不仅仅有透明的，根据加工方法的不同，还有半透明、不透明和彩色等类别。另外，还有高强度、高保温性的玻璃，也可以制成带图案的装饰性较高的玻璃等种类。

玻璃根据其形状分为平板玻璃、晶化玻璃和成型玻璃等，但在室内设计中大多使用的是平板玻璃。

平板玻璃以最常见的透明浮法玻璃为主，还有在玻璃表面一侧制成图案花纹的压花玻璃和在玻璃内嵌入金属丝（钢丝）的夹

各种玻璃（平板玻璃）

● 透明浮法玻璃

特征
普通玻璃。平面精度高、通透性好。通过两次加工赋予了多种功能和装饰性。根据厚度分为 2mm、3mm、4mm、5mm、6mm、8mm、10mm、12mm、15mm、19mm 十个种类

用途
以窗户玻璃为主，还用于制作桌子台面、储藏架隔板、橱柜门等

● 压花玻璃

特征
表面一侧加工成形状的玻璃，可透光却能遮挡视线。根据厚度分为 2mm、4mm、6mm 的不同种类，形状分为"香梨"（图片所示）和"银霞"等种类

用途
多用在玄关、浴室等需要遮挡视线的开口处和室内的隔墙等

● 夹丝玻璃

特征
为了提高强度和避免碎片散落，在玻璃中压入丝网（钢丝）的玻璃。分为透明或者压花玻璃，丝网的图案有菱形和十字交叉形，厚度有 6.8mm 和 10mm 两种

用途
天窗等高处和防火门（防火设备）

● 红外线吸收 / 反射玻璃板

特征
通过吸收红外线及反射太阳光来提高室内制冷效率的玻璃。红外线吸收玻璃板是在玻璃中加入金属色来吸收红外线。红外线反射玻璃板则是在玻璃表面加工一层极薄的金属膜反射太阳光。颜色有蓝、灰、青铜色

用途
太阳光强，或者总是有阳光射入的室内窗户等

丝玻璃等。

　　除此之外，还有在原材料的玻璃上加入金属并着色，能够吸收红外线并具有反射效果的红外线吸收／反射玻璃，还有利用两块玻璃夹住空气层来提高隔热性的双层玻璃（中空玻璃）和对玻璃板进行热处理增加强度的具有钢化玻璃性能的玻璃。

　　磨砂玻璃是利用硫酸等将玻璃表面进行腐蚀制成图案，以达到装饰目的的玻璃。

● 双层玻璃（中空玻璃）

特征

利用叫作垫片的金属部件使两块玻璃之间形成薄薄的空气层，从而提高隔热性的玻璃。可以提高制冷供暖设备的效率，减少结露。还有提高隔热性、隔声性和防火性等类型的玻璃

用途

面向室外的室内窗户等

● 钢化玻璃

特征

将平板玻璃热处理加工后的玻璃。强度相当于相同厚度浮法玻璃的 3~5 倍。破裂后会变成细小的玻璃碎片，因此能够减轻伤害

用途

窗户、玻璃台面、店铺的展示柜台和货架隔板等

● 磨砂玻璃

特征

表面带有图案的玻璃。利用硫酸等化学品将玻璃表面腐蚀形成图案。此外，还有采用在玻璃板上喷射压缩空气和研磨材料（沙子和铁粉）的侧面喷砂方法，将表面加工成浮雕状的立体雕刻形的玻璃

用途

店铺玄关的窗户等

● 玻璃砖

特征

由两个凹形玻璃压制成形的块状玻璃。隔声性、隔热性及防火性等较佳。用于需要采光的墙壁、顶棚及隔断等，可以射入柔和均衡的光线

用途

地面、墙壁、顶棚等

2.6.7
瓷砖

用黏土等烧制而成的瓷砖具有耐候性、防火性、防水性及耐腐蚀性等优点，尺寸精度和品质精度较高，色彩和设计也比较丰富，是用途广泛的装饰材料。

使用在外部装饰、内部装饰和地面等处，由于性能和功能上有所不同，因此选择与使用目的匹配的瓷砖也是非常重要的。

在住宅中，给水排水附近的厨房、卫生间大多使用瓷砖，为更好地展示空间效果，在客厅和卧室的墙壁上使用调节湿度和有除臭效果的瓷砖的情况也变得越来越多。

瓷砖根据烧制温度的不同，分为瓷质砖、炻质砖和陶质砖等，按照烧制前表面是否涂釉还分为有釉砖和无釉砖。

瓷砖的形状也种类繁多。室内设计中一般使用边长为100mm的正方形瓷砖，除此之外还有 36（3.6 英寸 ×3.6 英寸，约 109mm×109mm）正方形砖、100mm×200mm 长方形砖，以及边长为 150mm、200mm 和 300mm 的正方形砖等类型。

一般称为"数字 + 正方形砖"的情况是包含其缝隙的尺寸。此外，根据张贴部位（平面或者转角）的不同，形状也不同。

▦ 各种瓷砖

● 瓷质砖

吸水率 1% 以下，透明、质硬，在防冻和耐磨损方面具有明显的优点。敲击后会发出金属般清脆的声音

● 炻质砖

吸水率 5% 以下，没有瓷质砖的透明度，但在硬度上有优势（炻介于陶与瓷之间，多呈棕色、黄褐色或灰蓝色——译注）

● 陶质砖

吸水率在 22% 以下，质地多孔，吸水率较高，比较厚重。敲击后发出比较混沌的声音

▦ 根据张贴场所不同瓷砖形状的区别

功能瓷砖
（单面倒角）

功能瓷砖
（两面倒角）

功能瓷砖
（单面倒角）

平面瓷砖

平面瓷砖是表面基本为平面的正方形或者长方形的瓷砖。主要张贴在平面的墙壁上。功能瓷砖是除了平面瓷砖以外的具有特别形状的瓷砖的总称。用于开口部、角落及与其他装饰材料的衔接上。根据瓷砖倒角方法的不同分为单面倒角和两面倒角，根据张贴场所的不同进行区分使用

瓷砖间的空隙称为缝隙，根据缝隙填充方法分为以通缝和工字形缝为主，还有人字形缝、平缝、下沉缝及深缝等各种类别。

缝隙与填缝剂的作用是为了防止水侵入瓷砖背面、瓷砖脱落和空鼓等。另外，还可以弥补瓷砖间微妙的大小差别。

瓷砖缝隙种类（平面）

● 通缝

缝隙横纵相通的张贴方法。整齐排列，给人以安定和沉着感

● 工字形缝

下面一行瓷砖的缝隙中心点对准上面一行瓷砖的中心点进行张贴的方法，也称马蹄缝。常用在砖块堆砌和步行街道的砖块等

● 人字形缝

将通缝呈45°角张贴的方法。装饰性较强，但边缘部的瓷砖需要进行切割，因此比较容易浪费材料

瓷砖缝隙种类（剖面）

● 平缝

填缝的高度与瓷砖高度相同的填缝方法，是最普通的填缝方法

● 凸缝

与瓷砖高度持平的圆形膨胀鼓起的填缝方法，作为装饰性缝隙使用

● 下沉缝

填缝的高度比瓷砖高度低的填缝方法，多用在外部装饰和地面装修上

● 凹缝

从瓷砖面向下凹陷的有弧度的填缝方法，在常用水的空间等作为隔水缝隙使用

● 深缝

比下沉缝高度还要低的填缝方法，通过阴影使缝隙更加清晰

● 无缝

没有宽度的缝隙，使用在不展现缝隙的空间

2.6.8
涂饰

在地面、墙壁、顶棚、家具和器具等上面使用涂料装饰称为涂饰。涂饰有两个目的，一是保护涂饰面，二是通过赋予色彩和光泽美化涂饰面。

涂料根据原料成分大致分为天然涂料和合成树脂涂料。

天然涂料是提取植物成分制成的无毒涂料，包括生漆、腰果树漆、柿漆和油蜡等。

合成树脂涂料是比天然涂料在耐候性、施工性上更具优势的人工涂料。包括丙烯系乳胶漆、聚氯乙烯树脂磁漆、油性着色剂、清漆和聚氨酯树脂磁漆等。

除此之外，还需根据透明、不透明、有无光泽的不同，地面、墙壁和顶棚等内部涂饰及家具和器具等涂饰使用目的的不同，木材、金属及树脂等涂饰材料的不同来选择合适的涂料。

涂料的成分

涂料是将颜料与树脂溶解在液态溶剂中，包含颜料的是不透明涂料，不包含颜料的是透明涂料

涂料的种类

● 天然涂料

生漆	漆树的树液为主要成分。主要用于高级家具和美术工艺品。具有涂膜较硬、耐碱耐油、有光泽和装饰美观的优点。另外，除了在常温多湿环境下不易干燥外，还有使用不便、耐候性较低、保养费时和容易引起皮肤炎症等缺点
腰果树漆	是具有与生漆相似的性质，但比生漆使用更便利，也不会引起皮肤炎症的涂料。多用于内装和大型家具的涂饰。没有生漆的硬度和光泽，但能在短时间内干燥，因此便于施工。与生漆一样耐候性较差

● 合成树脂涂料

内部装饰涂饰用	丙烯系乳胶漆（AEP）	耐候性、保色性及耐水性较好，色调丰富，适合用于浴室和厨房的涂料
	水性乳胶涂料（EP）	与 AEP 相比耐水性和耐碱性稍弱，但不含有机溶剂，因此是安全无毒的涂料。价格便宜，种类繁多，常用于室内墙壁和顶棚等
	聚氯乙烯树脂磁漆（VE）	耐水性、防霉性较高，用于浴室、厨房、地下室的墙壁及顶棚等涂饰。耐碱性较强，也适用于砂浆基层等的墙壁和顶棚
透明涂料	油性着色剂（OS）	作为可以还原原有木材颜色和纹理的装饰材料使用。用石蜡或者清漆做表面处理完成涂饰，但耐水、耐污性不佳，且容易产生斑点
	抛光油剂（OF）	能够还原木材原有的自然柔和特征，涂饰较薄的涂料，是没有光泽的装饰材料
	聚氨酯清漆（UC）	涂膜较硬，耐水、耐磨损性较强，耐候性较高，不易变色的涂料。使用在木质地板、书架和柜台上，也能作为木材保护上色涂料和 OS 的面漆来使用
	清漆（LC）	耐热性、耐腐蚀性较差，呈透明状，能充分还原木材原有颜色和纹理。适用于实木家具和木质材料的涂饰

↓接下页

不透明涂料	油性涂料（OP）	一般也称油漆，涂饰便利且能够涂饰较厚。耐候性较强，却有不易干燥（需 24 小时以上）、有黏性、有气味残留的缺点。室内外均可使用，主要用于室外涂饰
	合成树脂调和涂料（SOP）	一般称为喷漆。是比 OP 更易干，具有光泽的涂料。干燥后涂膜较硬，不能随木材伸缩，经过一段时间后会发生裂纹和剥落。价格便宜，但使用周期短
	亮面漆（LE）	涂抹较薄、饰面柔和的涂料。与其他涂料相比，具有速干的优点，便于施工，但耐磨损性、耐腐蚀性、耐候性较弱。能溶于信纳水，使用时要注意
	聚氨酯树脂磁漆（UE）	具有耐候性、耐水性、耐碱性强等优点，能够在外墙、内墙、木材和金属等各种场合、材质上使用。还有对应防藻、防霉的类型

在涂饰工程中按照施工工序分为底漆（密封胶和底漆）、中间层漆和面漆。按照施工工法分为笔刷涂饰、滚刷涂饰、喷涂和电泳涂漆等。按照装饰性分为透明漆、装饰漆、抛光漆和防腐漆等，根据表现手法的不同而区分使用。

对实木的涂饰分为凸显木纹和遮盖木纹的涂饰方法。即使相同木纹材料，不同的涂饰方法会展现出不同的风格。

在涂饰方法上还有透明漆、染色漆和亮面漆等。

不同的涂饰方法呈现的装饰效果

涂饰前的木材

涂饰前的木纹理

● 抛光涂饰

哑光的装饰。利用透明的涂料来强调木纹，营造温和的装饰风格

● 染色漆涂饰

渗透到木质内部的着色涂料，能够使木纹更加生动。完成后要涂饰清漆

● 亮面漆涂饰

能够展现优美的光泽和涂膜性能的涂饰方法，可以反复涂饰。不会出现原有板材的木纹

2.7 | 室内设计的相关法规

室内设计的相关法规，以建筑物的构造和安全性为主，有与住宅·室内设计产品等的品质、安全性相关的，还有与销售、合同相关的各种法规。进行室内设计时必须严守这些法规。随着这些法规频繁地修正、修订以及新法规的制定，也要经常掌握最新的法规内容。

2.7.1 建筑基准法

建筑基准法以确保建筑物的安全性为目的，是关于建筑物基地、构造、设备及用途等必须遵守的最低限度的法律。

建筑基准法中的技术标准分为（日本）全国范围内适用的单体建筑规定和根据城市规划法所制定的仅适用于城市规划区域的整体规定，室内设计的相关法规相当于独立规定。

在建筑基准法中，与室内设计最相关的是内装限制。

通过提高内装的防火性，以实现建造防止火灾发生、防止火势蔓延及防止有害烟雾等能够安全避难的建筑物的目的。

内装限制在建筑物的用途、规模、构造及其他中也有详细的

建筑基准法规定项目示例

天窗的有效采光开口面积：侧窗的 3 倍

有效采光开口面积：住房地面面积的 1/7 以上

阳台扶手高度：1.1m 以上

全部不算作建筑面积的部分：1m 以下

地下室不算入建筑容积率部分：1m 以下（总面积的 1/3 以下）

阁楼不算入建筑容积率的部分：顶棚高 1.4m 以下

有效换气开口面积：住房地面面积的 1/20 以上

厨房以外不受内装限制的垂壁高度（不燃材料）：50cm 以上

顶棚高度：2.1m 以上

超过顶棚高度的 1/3 以上则为地下室

左图是建筑基准法中住宅项目中关于采光和换气的规定及内装限制相关项目的示例

建筑基准法中的单体建筑规定和整体规定

单体建筑规定	关于建筑物安全及卫生的规定。有关基地的安全、卫生，建筑物的构造、耐力、防灾、防火，居室的采光、换气、顶棚高度、楼梯、建筑设备等的规定
整体规定	关于市区的居住和产业活动的规定。有关环境保护、提高便利性、从确保火灾安全角度出发的功能区域、防火区域、限高、建筑容积率、建筑密度、道路与基地的关系等的规定

规定，住宅和商业设施对范围和
内容的相关限制也不同。

　　要达到内装限制的要求，需
在墙壁和顶棚部分采用不易燃的
内装材料。

　　规定使用的内部装饰材料，
按照耐热性从长到短的顺序分为
不燃材料、半不燃材料、难燃材
料。这些材料在发生一般火灾的
情况下，在一定时间内不会燃
烧，不会因形变发生损伤，不会
产生有毒气体，是日本国土交通
省指定或受到厚生劳动省认定的
材料。

　　独栋住宅中，有内装限制的
是需要用火的厨房的墙壁和顶
棚。同时，半耐火结构的钢结构
建筑或者木造建筑中，有使用火
的房间要设置在顶层以外楼层的
限制。

　　例如，厨房的墙壁和顶棚需
要使用半不燃材料进行装饰。另
外，如果厨房与餐厅、客厅相
连，那么这些连续的空间都要作
为内装限制对象。

　　这些规定也有缓和条件，如
果在用火房间与其他房间中间设
有垂壁，那么内装限制对象就只
是用火的房间了。同时，仅限于
独栋住宅，火源炉灶周围的设施
如果满足限制条件的话，也可以
作为内装限制的缓和对象。

室内设计限制——餐厅厨房示例

如果没有设置不燃材料的垂壁，那么餐厅厨房整体将全部作为内
装限制对象。在独栋住宅中也有部分缓和的规定

不燃材料、半不燃材料和难燃材料

	耐久时间规定	材料
不燃材料	加热开始后20分钟内不会燃烧	混凝土、砖、瓦、陶瓷质瓷砖、石棉瓦、纤维强化水泥板、玻璃纤维水泥板（厚度3mm以上）、纤维硅酸钙木板（厚度5mm以上）、钢铁、铝合金、金属板、玻璃、砂浆、石头、石膏板（厚度12mm以上）、石棉、玻璃棉等
半不燃材料	加热开始后10分钟内不会燃烧	石膏板（厚度9mm以上）、木丝水泥板（厚度15mm以上）、硬质碎木水泥板（厚度9mm以上，容积比重0.9以上）、碎木水泥板（厚度30mm以上，容积比重0.5以上）等
难燃材料	加热开始后5分钟内不会燃烧	半不燃材料与难燃胶合板（厚度5.5mm以上）、石膏板（厚度7mm以上）等

独栋住宅用火房间的内装限制缓和情况

H 是炉灶加热部位中心点到顶棚的距离。炉灶火源只限于使用 1 个
4.2kW 以下烹饪专用炉灶。深橙色部位的内装和基层都需要使用不燃
材料。浅橙色部分的内装和基层都需要使用特定的半不燃材料或者是
符合标准的不燃材料

2.7.2
消防法

消防厅认定	
认定编号	
防　火	

窗帘和地毯等日用器具类防火规定中要求使用超过所定标准的防火物品。防火物品中需有防火标识

消防法是为了预防、警戒、扑灭火灾，保护生命财产和人身安全，减轻地震灾害等带来的损害为目的所制定的法律法规。

与室内设计相关的规定有：对窗帘和地毯等防灾对象进行防灾规制，还规定了在卧室、儿童房和楼梯上必须安装火灾警报器，以及厨房等空间内的用火设备、防火设备和灭火设备的使用、设置等。

还有关于商业设施需要设置排烟设备、自动喷淋灭火设备和应急照明灯等的规定。

用火设备的位置和设置的规定示例

规定了厨房内的用火设备及其使用方法、防火设备及其设置、灭火设备的使用方法

商业设施中必须安装的防火设备

排烟设备	将建筑发生火灾时产生的烟强制排出的设备。有自然排烟和机械排烟两种类型。机械排烟由排气阀、排烟管道和排烟口构成。根据排烟对象的面积大小，顶棚设置50cm以上的垂壁（防烟垂壁）划分防烟区划
自动喷淋灭火设备	给水加压以飞沫的形式从喷嘴洒出的装置。防火对象物的顶棚里面设置网格状的配管，按规定间隔内设置自动喷淋灭火设备的喷头。发生火灾的时候可以自动喷水灭火

除了上述以外，还需要设置自动火灾报警设备、应急照明设备、避难引导灯设备、紧急用广播设备等。大型商业设施中，排烟设备和自动喷淋灭火设备的喷头设置完成后，各商铺在进行店铺施工、设置陈列架和隔墙等室内装修时，可能发生妨碍防烟和洒水的情况，因此在设计阶段就要考虑进去

在商业设施中，除了建筑基准法的商业设施相关内装法规限制之外，还规定了防火分区。

防火分区指的是建筑物内部发生火灾时，为了将火灾有效地控制在一定范围内，防止火势扩大，利用地面和墙、防火设施（防火门）进行分区。

其中除了按一定面积分区的"面积分区"以外，还有按挑空、楼梯、电梯、自动扶梯、管道井等对建筑物的垂直方向进行分区的"垂直防火分区"，还有按照建筑物内不同功能分区的"功能用途分区"。

除此之外，还有排烟设备和依据消防法规设置的喷淋设备、紧急用设备（紧急照明、避难路线）等。

火灾时对于烟的扩散用防火门和防烟垂壁等进行分区，排烟设备指的是各分区内设置的设备。自动喷淋灭火设备是从自动喷淋设备中洒水自动灭火的设备，按照一定间隔设置。

在进行室内设计时，要顾及不能妨碍各个设备的功能。

商业设施的排烟设备设置示例

排烟设备设置在防火门和防烟垂壁划分的各分区内

商业设施的自动喷淋设备设置示例

为了防止自动喷淋设备洒水受阻，对禁止设置物体的范围进行了规定。剖面中的灰色部分为在此范围内不可以设置和摆放任何物体。斜线部分表示在法规上不可以设置和摆放任何物体的范围。平面中的斜线部分指的是不可以在自动喷淋喷头周边设置或者摆放任何物体

商业设施内部避难路线示例

为了不阻碍避难路线，商场内的卖场和商品需合理布局

2.7.3
消费者相关法规

由于消费者与经营者之间的信息获取能力和交涉能力有差别，消费者相关法规是以保护消费者为目的的各种法规。

消费者基本法是以对消费者权利的尊重和独立援助为基本理念，制定了消费者政策基本事项的法律。

消费者基本法有消费生活制品安全法、PL（制造物责任）法等。

除此之外，还有规定了工业制品的规格和品质合理化的工业标准化法、家庭用品品质表示法，以及合同合理化相关的冷却期制度、分期付款销售法等。

还有保证室内设计用品品质和性能的选定制度和认定制度。接受选定和认定的制品会被授予各种规定的标识和标签。

室内设计用品被授予的标识和标签

● **PSC 标识**

由经济产业省管辖、以消费生活用品制品安全法为依据的标识

● **SG 标识**

一般财团法人制品安全协会认定的标识

● **JAS 标识**

农林水产省管辖的、以农林物资法（JAS 法）为依据的标识

● **JIS 标识**

贸易产业省管辖的、以工业标准化法（JIS 法）为依据的标识

● **ISM 标识**

一般财团法人日本壁装协会所管辖的标识

● **BL 标识**

一般财团法人 Better Living 认定的标识

● **节能性标识**

表示能源消耗设备的节能性标识

● **环保标识**

根据公益财团法人日本环境协会运营的环保标识事业规定的标识

● **C 标识**

农林水产省管辖的、以农林物资法（JAC 法）为依据的标识

专栏	其他法规
建筑师法	规定从事建筑设计和工程监理等技术人员的资格认证的法律
电气工程师法	规定从事电气工程工作人员的资格和义务，以及防止电气工程的缺陷带来的灾害的法律
关爱建筑法	推进建设高龄者和身体有障碍的人员也可以方便使用的特定建筑物的法规
品质保障法	以完善住宅市场和使其灵活化为目的的法律，是促进住宅品质保障等相关法律的略称
废弃物处理法	是通过减少排放和正规处理废弃物，实现保护生活环境和提高公众卫生为目的的法律

第 3 章

室内设计必备的
表现技术

在本章中， 我们来学习室内设计
相关的表现技术。 表现手法中以
图纸和效果图为主， 还包括展示
板等。 我们将对制作这些的要点
和软件进行解说。

3.1 室内设计的图纸

室内设计与建筑设计一样需要制作图纸。除了客户和施工人员等需要使用这些图纸之外，提案展示方案和施工时也需要这些图纸。根据设计的阶段和时间，图纸的种类和表现方法也不同。

3.1.1 室内设计的图纸和种类

图纸是设计师为了向客户和施工人员传达设计内容而制作的。因此制图需要简单准确。室内设计图和建筑设计图基本上是相同的，与此同时室内设计要素的表现也很重要。

室内设计图根据阅读对象和使用目的不同而不同。比如说，设计师交给施工人员的工程用图，优先考虑的是正确性；而设计师将设计理念传达给客户或参加设计比赛时提出的图纸，更注重概念的简单易懂。

⁙ 各种室内设计图纸

● 住宅展开图

从房间的内部向外部看，制作自墙壁始 1m 的各个方向的展开图。背面展开图是和正面展开图左右对称的。除了需要标注开口部的宽度和高度之外，窗饰、家具和墙壁饰面的种类和尺寸也需要标注

●住宅平面图

住宅平面图　比例：1/50

住宅平面图是最基本的图纸。在建筑物距地面 1m 高度处水平切断，表现出剖面和下部。以 1/50 的比例尺为标准，根据规模和表现内容也可以使用 1/100 和 1/200 的比例尺。墙壁的饰面用粗线；家具和家电等外形用中线，并标注名称和尺寸。储藏家具的开关表示是 30°，门窗的开关表示是 90°。为了确保活动空间尺寸，椅子要离开桌子表现。为了区别家具和室内设计固定展示用具，家具需离开墙面进行配置。为了确认物体和人可以移动，需要标注门窗的有效开口宽度。除此之外，窗饰和地板饰面（地毯、地板）的种类和尺寸也需要标注

● 顶棚仰视住宅图

平面图表现的是从一定的高度向下看的样子，与此相对的顶棚仰视图表现的是向上看时的样子，并且表现时需要左右反转。在顶棚仰视图中需要标注顶棚饰面和顶棚上设置的照明灯具

● 店铺立面图

立面图表现的内容同展开图一样。表现如图所示的店铺时，会表现出正立面（正面外观）

●店铺柜台家具图

只有室内设计才有的图纸。需要细致地表现家具的尺寸和物品的种类等（图纸提供：groove）

●店铺客人座位周边详图

详图可以将其他的图纸无法表现的细节部分更好地展现出来

专栏

带有色彩和阴影的展示图

展示图是注重简单易懂的一种图纸，是在通常的平面图中添加色彩、阴影和绘画元素的图纸。左图是添加颜色和阴影的展示图。

3.1.2
室内设计的制图规则

图纸是将具体的设计传达给施工人员和客户的重要工具。如果不能把设计意图正确地传达给施工人员，室内设计就无法完成。因此根据规则制作图纸非常重要。

以前室内设计相关的制图规则没有明确的定义，表现方法和标注方式也因人而异。为了改善这些现象，日本室内设计学会将室内设计制图规则汇编整理成了《室内设计制图通则》（参照 p.142）。希望日后这个通则可以作为室内设计的标准制图规则。

在本节，我们依据室内设计制图通则来解说与制图相关的规则。

图纸（用纸）尺寸

图纸（用纸）尺寸	尺寸（长×宽单位：mm）
A1	594×841
A2	420×594
A3	297×420
A4	210×297

图纸用纸尺寸可以从 A1~A4 这 4 个种类中选择。A2 和 A3 使用较多。图纸标题栏（记录文件名、图纸名称、比例尺等项）的位置应在图纸折叠时也可以看到的右下角

比例尺

比例尺	概要
1：1	使用在细节的研讨上，如施工图、家具图等与原尺寸相同的比例尺
1：2	
1：5	使用在细节的研讨上，如部分详图
1：10	
1：20	1：50无法清晰表现，但需要详细表现的时候使用，如平面图和展开图等
1：50	最标准的比例尺，用于平面图和展开图等
1：100	使用在比起表现细节更注重展现空间连续方法的平面图上
1：200	适用于大规模设施的平面图

根据建筑规模及表现内容，比例尺可以从 1：1、1：2、1：5、1：10、1：20、1：50、1：100 和 1：200 这 8 种中选择。1：50 是使用最多的。以前也使用 1：30，但其表现内容可以通过 CAD 1：50 比例尺充分表现出来，所以其必要性就不大了。

线

线的种类		按用途分类的名称	用途
实线	**粗线**	外轮廓线	表现对象物体可见部分的形状
			剖面图中表现物体可见部分的外轮廓线
	中线	外轮廓线	表现家具等的外轮廓线
	细线	棱线	表现家具等的棱线
		尺寸线	标注尺寸
		尺寸辅助线	为标注尺寸, 从图形中引出的线
		引出线	为标注文字和符号, 从图形中引出的线
		剖面线	表现剖面图切口
		箭头线	表现楼梯、坡路和倾斜区域
		对角线	表现开口、竖井和孔低洼处
虚线	**细线**	隐藏线	表现隐藏部分的外轮廓线
单点画线	**中线**	外轮廓线	表现窗帘、百叶窗和地毯等
	细线	剖面线	表现剖面图对应的剖面位置
		中心线	表现图形的中心
		基准线	表示图形等的位置基准
		开门方向指示线	表现开门方向等
双点画线	**细线**	假想线	表现物体等加工前的形状和可移动部分的位置
Z字形线	**细线**	折断线	表现对象物体的一部分折断或者是断开位置

● **实线**
粗线 ━━━━━━━━━
中线 ─────────
细线 ─────────

● **虚线**
细线 - - - - - - - - - - -

● **单点画线**
中线 ▬ · ▬ · ▬ · ▬ · ▬ · ▬
细线 ─ · ─ · ─ · ─ · ─ · ─

● **双点画线**
细线 ─ · · ─ · · ─ · · ─

● **Z字形线**
细线 ───────⋀/───────

通常, 图面中使用的线的粗细, 有细线、中线和粗线三种。粗线使用在如墙壁饰面等需要明显强调的部分, 中线使用在如家具等的外轮廓部分, 细线使用在尺寸标注、中心线和细节部分的表现上。

为方便肉眼辨识, 粗细比例应为 1 : 2 : 4。根据图面的种类、大小和比例尺, 组合使用 0.13mm、0.18mm、0.25mm、0.35mm、0.5mm、0.7mm 的线宽

第 3 章 室内设计必备的表现技术

3.1 室内设计的图纸

3.1.2

135

● 线的使用示例：墙

用粗线表示墙的饰面线可以强调室内设计空间。1：50 比例尺为标准比例尺，也可以根据比例尺改变承重墙和隔墙的表现方式（基层的表现和框架的有无等）。墙的开口部分外框、窗框和门框等，根据不同比例尺，表现的细节也有所不同

● 线的使用示例：开口部

开口部，在平面和展开图中表现开关方向，在展开图和剖面图中表现门窗高度。门窗用中实线，门窗开关轨迹和门槛等使用细实线来表现。开门方向用单点画线表现，但是如果把手和拉手可以表示开门方向的话，可以省略单点画线

●线的使用示例：家具

中实线（家具的外轮廓线）

餐桌
W×D×H

椅
W×D×H(SH)

中虚线（延长式家具延长时的最大形状）

凳　椅　扶手椅

延长式家具用中虚
线来表现其最大形
状和尺寸

中实线（家具的
外轮廓线）

桌
W×D×H

椅
W×D×H(SH)

沙发
W×D×H(SH)

细实线（家具门的
开关轨迹）

单摆家具
W×D×H

整体储藏家具　下部整体储藏家具

床
W×L×H(MH)

床
W×L×H(MH)

单点画线的细线
（门的开关方向）

open

家具门的开关轨迹用细
实线来表现。整体储藏
家具的把手用细实线来
表现，门的开关方向用
单点画线的细线来表现。
整体家具和墙是一体的，
单摆家具是离开墙壁的

细实线
（家具的把手）

全部家具的外轮廓线都是用中实线来表现。家具的尺寸需要标注 W（宽）×D（深度）×H（高度），椅子
还需标注 SH（坐面高度）。床需要标注 L（长度）和 MH（床垫高度）来代替 D（深度）

3.1.2

137

●线的使用示例：设备机器

平面图

单点长画线的中线（吊柜）

W×D×H

中实线（外轮廓线）

正面图

侧面图

单点画线的中线（开关
方法及方向）

中虚线
（水槽的剖面）

厨房器具用中实线表示外轮廓线。水槽、加热器具、水洗五金件和吊柜等用中实线表现。在平面图中，操作台上部的吊柜用单点画线的中线来表现。在正面图中，开关方法和开关方向，还有水槽的剖面用单点画线的中线表示。在侧面图中，外轮廓线或者剖面用中实线表现，水槽用中虚线表现。除了线之外，还需要标注尺寸 W（宽）×D（深度）×H（全体操作台高度）

●线的使用示例：家电设备

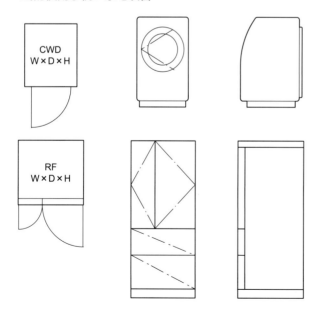

CWD
W×D×H

RF
W×D×H

家电设备的外轮廓线用中实线。门和门的开关轨迹用细实线，开关方法和方向用单点画线的细线表现。除了线之外，还需标注尺寸 W（宽）×D（深度）×H（高度）以及表示家电种类的英文符号或文字

文字

1.8mm 室内设计 123ABC

3.5mm **室内设计 123ABC**

10mm **室内设计 123ABC**

文字与图面的比例尺无关，文字高度的标准值应从 1.8mm、2.5mm、3.5mm、5mm、7mm、10mm、14mm、20mm 中选择适合的。如果使用大小固定的艺术字时，应该选择接近标准值的大小

尺寸

长度的尺寸单位通常为 mm，标注时不需要加单位记号。室内设计通常是在主体结构完成后开始施工，根据现场实测绘制图纸，标注墙和墙之间实测的内部尺寸

文字·表示记号

●文字·表示记号的使用示例：地毯

地毯的表现　　　　　　　　　地毯的文字记号

CA：通用的地毯　　　Wc：地毯种类（例如：　　g：地毯的施工方法
文字记号　　　　　　　　Willton）　　　　　　（例如铺入的"倒刺钉板条固定法"）

地毯的种类	文字记号
威尔顿地毯	Wc
簇绒地毯	Tc
针刺地毯	Nc

地毯的施工方法		文字记号
固定式	倒刺钉板条固定法	-g
	粘贴固定法	-a
非固定式		（无）

地毯用"CA"表示。用单点画线的细线表示铺地毯的区域，在图纸中标注左侧表中的地毯种类和施工方法。表示材质时，与一般名称一起标注。

139

●文字·表示记号的使用示例：窗饰

CU（Dr+Sh-cc）·B

窗饰的表示　　　窗饰的文字记号

窗饰用单点画线的细线或者实线的波浪细线
来表现。在图纸中标注如下表所示的种类和
施工方法的文字记号。窗帘和罗马窗帘的施
工方法（样式）也用文字记号等备注

双层窗帘的文字记号示例

CU（Dr+Sh-cc）·B

CU：通用的窗帘
文字记号

Dr：内侧窗帘的种类
（如示例的种类是厚
帘），因没有标注施工
方法记号，施工方法
为直接垂挂式

Sh：外侧窗帘的种
类（例如薄帘）

cc：外侧窗帘的施工方法
（例如：中间分开式）

B：有窗帘盒的设置

水平开关			文字记号
水平开关	窗帘		CU
	种类	厚帘	Dr
		薄帘	Sh
	施工方法	直接垂挂式	（无）
		中间分开式	cc
		重叠交叉式	cr
		高下摆式	hg
		贝壳状弧形	sk
		分段式	sp
	竖向卷帘		VB
	屏风帘		PS

垂直开关			文字记号
垂直开关	罗马帘		RM
	施工方法	柔式	pl
		板式	sh
		气球式	bl
		奥地利式	as
		慕斯式	ms
		孔雀式	pc
		折叠式	p
	卷帘		RS
	百褶布帘		PL
	百叶卷帘		VN
固定	咖啡厅式窗帘		Cf

※设置窗帘盒的末尾用·B表示

●文字·表示记号的使用示例：喷涂

75

洗面台　　便器

既有门：贴板 LC/ 框：SOP
洗面侧：壁纸饰面

玄关

涂饰用文字记号表示。表现颜色时，使用孟塞尔色系记号
（P.057）或者用颜色样本的编号等标注

名称	文字记号	规格
合成树脂调和涂料	SOP	JISK5516
苯二甲酸树脂漆	FE	JISK5572
氯化乙烯树脂漆	VE	JISK5582
透明漆	LC	JISK5531
磁漆	LE	JISK5531
合成树脂乳化漆	EP	JISK5563
有光泽合成树脂乳化漆	EP-G	JISK5560
多彩模样涂料	EP-M	JISK5567
染色剂	OS	
木材保护涂料	WP	

3.1.2

● 文字・表示记号的使用示例：家电设备

图纸的厨房周边位置可以标注家电名称的空间有限，所以使用记号会更便利。图纸上附上范例的话，会更加容易理解

空调		文字记号
空调		RC或AC
设置方法	室内机·立式	–F
	挂壁式	–W
	预装在顶棚上	–C
	室外机·立式	–OF

名称	文字记号
电视	TV
扬声器	SP
台式电脑	PC
冰箱	RF
微波炉	MO

名称	文字记号
燃气炉	GO
洗碗干燥机	DWD
电磁炉	IH
洗衣机	CW
洗衣烘干机	CWD

● 文字・表示记号的使用示例：供水・热水设备

厨房

50

卫生设备表现的是引入上水、排水和热水设备

名称	文字记号	表示记号
供水表	WM	(WM)
燃气表	GM	(GM)
供水栓	（无）	✕

名称	文字记号	表示记号
冷热水混合水栓	（无）	◐ ◐（淋浴）
电热水器	EWH	(EWH)
燃气热水器	GWH	GWH

●文字·表示记号的使用示例：电气设备

记号	名称	个数
(DL)	筒灯	3
(⊙)	双孔插座带接地	3
●	开关	3
⊙	其他电源	7

住宅的给水排水周边电气设备图例。应在顶棚仰视图中标注电气设备，为明确表示位置，机器设备的位置用浅灰色表现。上图的比例尺是 1:20，换气扇通常使用记号来表示，详细图中也会标注形状

名称	文字记号	表示记号		名称	文字记号	表示记号	
电表	Wh	(Wh)	[Wh]	**门铃**	（无）	● 按钮（壁式）	♪ 音乐门铃（壁式）
分电盘	（无）	◥		**电视**	TV	[TV] 电视机	[TV] 电视天线接口
开关	（无）	● ●₃ ●P 3联开关 拉绳开关		**换气扇**	（无）	∞	
插座（壁式）	（无）	●₂ 2孔 ●E 带接地 ●WP 防水型		**空调**	RC	[RC-W] 室内机（壁式）	[RC-OF] 室外机（立式）
电话接口	（无）	● 壁式 (t) 内线电话机（主机） (t) 内线电话机（分机）					

●文字・表示记号的使用示例：照明灯具・配线

设置在顶棚的照明灯具、开关和配线路径要在顶棚仰视图上表现（图片提供：groove）

名称	文字记号	表示记号
照明	（无）	◯
天棚埋入式（筒灯）	DL	(DL)
顶棚直装式（吸顶灯）	CL	(CL)
顶棚吊灯	PL	(PL)
欧式水晶吊灯	CH	(CH)

名称		文字记号	表示记号
壁式灯（壁灯）		BL	(BL) ◐
立式灯	台式灯	TS	(TS)
	落地灯	FS	(FS)
顶棚灯线盒		（无）	( )

室内设计制图通则

为使室内设计制图规则统一，日本室内设计学会制作了《室内设计制图通则》。室内设计的制图是以此通则为基础制作的各种图纸。

室内设计制图通则

1. 适用范围

此通则规定了室内设计空间或者其构成物品、构件、要素的企划、调查、规划、设计、制作、施工和维持管理等的室内设计制图相关、共通的基本相关事项。

2. 引用规定

下表引用的规定构成本通则的一部分。这些引入的规定适用于本通则最新版（包含追加补充）。

JIS Z8311	制图－制图用纸张尺寸以及图纸样式
JIS Z8312	制图－表示的一般原则－线的基本原则
JIS Z8313-0	制图－文字－第 0 部：通则
JIS Z8313-1	制图－文字－第 1 部：罗马字、数字以及记号
JIS Z8313-2	制图－文字－第 2 部：拉丁文字
JIS Z8313-5	制图－文字－第 5 部：CAD 用文字、数字以及记号
JIS Z8313-10	制图－文字－第 10 部：平假名、片假名以及汉字
JIS Z8314	制图－标准
JIS Z8317	制图－尺寸标注方法－一般原则、定义、标注方法及特殊的指示方法

3. 图纸

3.1 图纸除了遵照 JIS Z8311 外，还遵照下述规定。

3.2 纸张的尺寸按照 JIS Z8311 规定的 A 列尺寸（第 1 优先）从表 1 中选择。

表 1 纸张的尺寸

名称	尺寸
A1	594×841
A2	420×594
A3	297×420
A4	210×297

单位：mm

3.3 不论纸张是横向使用还是纵向使用，标题栏的位置都应在图纸范围内的右下角。

4. 标准

4.1 标注除了遵照 JIS Z8314 外，还应遵照下述规定。

4.2 制图中推荐的比例尺如下：

原尺寸 1：1，比例尺 1：2、1：5、1：10、1：20、1：50、1：100、1：200

5. 线

5.1 线的种类及用途如表 2 所示。适用示例见附图 1~5。

5.2 通常使用的线按粗细分有细线、中线和粗线。

线的粗细比为：1：2：4

根据图纸的种类、大小和比例尺，组合使用 0.13mm、0.18mm、0.25mm、0.35mm、0.5mm、0.7mm 的线宽。

5.3 线的使用除了上述规定外，还应参照 JIS Z8312。

6. 文字

6.1 文字除参照 JIS Z 8313-0,1,2,5,10 外，还应参照下述规定。

6.2 文字的大小，参照下述规定。

a）文字的大小由可容纳文字外轮廓的基准框高度 h 来表示。

b）高度 h 的标准值如下。

1.8mm,2.5mm,3.5mm,5mm,7mm,10mm,14mm,20mm

如果使用大小固定的艺术字时，应该选择接近标准值大小的。

7. 尺寸标注方法

7.1 尺寸标注方法，除参照 JIS Z8317 外，还应参照下述规定。

7.2 长度的尺寸单位通常为 mm，标注时不需要加单位记号。

8. 作图通用

8.1 图中使用的文字记号见附表 1。

附表 1 文字记号

8.2 图中使用的表示记号见附表 2。

附表 2 表示记号

8.3 图例参见附图

表 2 线的种类和用途

线的种类		按用途分类的名称	线的用途
实线	粗线	外轮廓线	表现对象物体可见部分的形状
			剖面图中表现物体可见部分的外轮廓线
	中线	外轮廓线	表现家具等的外轮廓线
	细线	棱线	表现家具等的棱线
		尺寸线	标注尺寸
		尺寸辅助线	为标注尺寸，从图形中引出的线
		引出线	为标注文字和符号，从图形中引出的线
		剖面线	表现剖面图切口
		箭头线	表现楼梯、坡路和倾斜区域
		对角线	表现开口、竖井和孔低洼处
虚线	细线	隐藏线	表现隐藏部分的外轮廓线
单点画线	中线	外轮廓线	表现窗帘、百叶窗和地毯等
	细线	剖面线	表现剖面图对应的剖面位置
		中心线	表现图形的中心
		基准线	表示图形等的位置基准
		开门方向指示线	表现开门方向等
双点画线	细线	假想线	表现物体等加工前的形状和可移动部分的位置
Z 字形线	细线	折断线	表现对象物体的一部分折断或者是断开位置

【线的适用示例】

1．墙

图1 墙

用粗线表示墙的饰面线可以强调室内设计空间。1：50比例尺为标准比例尺，也有根据比例尺改变承重墙和隔墙的表现方式（基层的表现和框架的有无等）。墙的开口部分外框、窗框和门框等，根据不同比例尺，表现的细节也有所不同。

2．开口部

平面表现	剖面表现	展开表现
单开门		
推拉窗		
折叠门		

图2 开口部

在平面和展开图中表现开关方向，在展开图和剖面图中表现门窗高度。如果把手和拉手可以表示开门方向的话，可以省略开门方向的表示（单点画线）。

3．家具

床 W×L×H（MH）

床 W×L×H（MH）

沙发 W×D×H（SH）

图3-1 床　　**图3-2 沙发**

餐桌 W×D×H

椅子 W×D×H（SH）

凳　椅　扶手椅
椅子的种类

图3-3 餐桌、椅子

桌子 W×D×H

椅子 W×D×H（SH）

图3-4 桌子、椅子

单摆家具

整体储藏家具　　下部整体储藏家具

open

图3-5 储藏家具

家具的尺寸需要标注W（宽）×D（深度）×H（高度），椅子还需标注SH（坐面高度）。床应标注L（长度）和MH（床垫高度）。
椅子是以从桌子拉出来的状态绘图。延长式家具用虚线来表示最大形状和尺寸。整体储藏家具应表示把手和开关方向。

4．设备机器

W×D×H

图4 厨房

厨房机器需要绘制开关方向、尺寸W（宽度）×D（深度）×H（整体高度·柜台高度）、水槽，加热机器的位置、水洗五金、吊柜等。在平面图中，操作台上部的吊柜用单点画线表现。在正面图中，开关方法和开关方向用单点画线表示。侧面图绘制外观或者剖面。

5．家电设备

CWD W×D×H

图5-1 洗涤烘干机

RF W×D×H

图5-2 冰箱

绘制家电形状时，需要标注尺寸W（宽度）×D（深度）×H（高度），其种类用英语记号或者文字标注，并表示开关方向。

【附表1　文字记号】

1. 地毯

附表1-1　地毯

名称			记号
地毯			CA
种类	威尔顿地毯		Wc
	簇绒地毯		Tc
	针刺地毯		Nc
施工方法	固定式	倒刺钉板条固定法	-g
		粘贴固定法	-a
	非固定式		无

地毯用 CA 表示。用单点画线的细线表示铺地毯的区域，在图纸中标注上表中的地毯种类和施工方法。表示材质时，与一般名称一起标注。

地毯的文字记号示例

CA（Wc-g）

　名称　　　种类　　　施工方法
　地毯：威尔顿地毯 - 倒刺钉板条固定法 - 固定式

2. 窗饰

附表1-2　窗饰

名称				文字记号
	窗帘			CU
	种类	厚帘		Dr
		薄帘		Sh
水平开关	施工方法（类型）	直接垂挂式		无
		中间分开式		cc
		重叠交叉式		cr
		高下摆式		hg
		贝壳状弧形		sk
		分段式		sp
	竖向卷帘			VB
	屏风帘			PS
垂直开关	罗马帘			RM
	施工方法（类型）	柔式		pl
		板式		sh
		气球式		bl
		奥地利式		as
		慕斯式		ms
		孔雀式		pc
		折叠式		pr
	卷帘			RS
	百褶布帘			PL
	百叶卷帘			VN
固定	咖啡厅式窗帘			Cf

备注：设置窗帘盒的末尾用 · B 表示。

窗饰用单点画线的细线或者实线的波浪细线来表现。在图纸中标注种类和施工方法的文字记号。窗帘和罗马帘的施工方法（类型）也用文字记号等备注。

窗帘的文字记号示例

━━━ CU　　窗帘

━━━ CU（Dr+Sh-cc）· B　　双层窗帘
　名称　施工方法（样式 - 有无窗帘盒）
　内侧　厚帘 - 直接垂挂式 - 有窗帘盒
　外侧　薄帘 - 中间分开式

━━━ CU（Dr-cr）+RM-pc · B
　名称　施工方法（样式 - 有无窗帘盒）
　内侧　窗帘 - 厚帘 - 重叠交叉式 - 有窗帘盒
　外侧　罗马帘 - 孔雀式

3. 喷涂

附表1-3　喷涂

名称	文字记号	规格
合成树脂调和涂料	SOP	JISK5516
苯二甲酸树脂漆	FE	JISK5572
氯化乙烯树脂漆	VE	JISK5582
透明漆	LC	JISK5531
磁漆	LE	JISK5531
合成树脂乳化漆	EP	JISK5563
有光泽合成树脂乳化漆	EP-G	JISK5560
多彩模样涂料	EP-M	JISK5567
染色剂	OS	
木材保护涂料	WP	

涂饰用文字记号中的省略号表示。表示色彩时，使用孟塞尔色系记号或者色卡等。

4. 家电设备

附表1-4　家电设备

名称		文字记号
空调		RC或AC
设置方法	室内机·立式	-F
	·挂壁式	-W
	·顶棚预装式	-C
	室外机·立式	-OF
电视		TV
扬声器		SP
台式电脑		PC
冰箱		RF
微波炉		MO
燃气炉		GO
洗碗干燥机		DWD
电磁炉		IH
洗衣机		CW
洗衣烘干机		CWD

3.1
室内设计的图纸

参考资料

3.2 室内设计的效果图

建筑设计和室内设计时用到的效果图是在二维平面上描绘出三维空间和建筑物等的立体表现手段。能够让看到的人从视觉上更容易理解建筑物和室内设计，通常作为完成构想图和设计图来使用，是重要的表现手法。

3.2.1
什么是效果图

效果图是以图纸为基础的立体形象描绘。过去普遍使用水彩颜料进行手绘，近来一般使用3DCAD 和 3DCG 等软件在电脑上制作数字效果图。

数字效果图可以像照片一样真实地呈现效果，但根据情况有时使用手绘和手绘风格的效果图更合适。另外，数字效果图也可以通过软件制作成手绘风格的效果图。

使用 3DCAD 和 3DCG 软件制作效果图与手绘不同，能够从一个 3D 数据模型中做成多种角度（构图）的效果图。

除此之外，使用相同的室内设计，也能够通过改变颜色、材质以及时间等来细致地研究多种设计的方向性和风格。

数字效果图与手绘效果图

利用 3DCAD 软件做成的数字效果图（上）和铅笔手绘效果图（素描效果图）（下）。现在一般采用数字效果图，但在设计的初期阶段传达整体设计印象和氛围非常重要，因此素描效果图和手绘风格效果图会更令人满意（图片提供：node）

各种角度的效果图

使用 3DCAD 和 3DCG 软件就可以从一个数据模型中简单制作出多种角度的效果图。如上图所示，在做成展示板（p.152）时可以有效利用这些不同角度的效果图

采用效果图的室内设计案例比较

同一个室内设计空间呈现出的白天（左图）和夜晚的对比效果图。使用 3DCAD 和 3DCG 软件可以轻松改变设定条件，简单地制作多种风格，因此能够有效进行设计的比较、研讨以及共享较难用图纸和文章表达的概念（图片提供：groove）

3.2
室
内
设
计
的
效
果
图

3.2.1

3.2.2
效果图的种类

效果图是将立体的建筑物和室内设计呈现在平面上，因此需要采用三维投影法使表现的效果更自然。根据这些投影方法的不同，分为透视图、等角图等不同的种类。

根据平行线延伸的灭点数量，分为一点透视、二点透视和三点透视三种。

一点透视和二点透视是从特定的视点来表现由地面、墙壁、顶棚所构成的室内设计空间的主要构架。水平设定视线（视点与观测对象的连接线）使实际室内空间中垂直的立柱也能垂直表现在效果图中。但是在表现抬头仰望、低头俯视的"挑空"等空间无法水平设置视线的情况下，就要使用三点透视法。

相同的透视图但视点高出顶棚的情况下，为了与其他区分，称为鸟瞰图。在需要呈现房间之间相连接的状态和空间整体形象时使用。

等角图是轴侧投影的一种，将实际空间的直角用 120° 角表现。无法表现出远近感，但是具有可以在透视图上确认尺寸的优点。

第 3 章　室内设计必备的表现技术

3.2　室内设计的效果图

透视图

● 一点透视（平行透视）

柱子垂直

视线水平

一点透视（平行透视）是针对主要墙壁面呈现从垂直方向看过去的状态

消点　H.L

● 二点透视（成角透视）

二点透视（成角透视）是针对主要的壁面呈现从斜方向看过去的状态。根据灭点位置的不同能够呈现室内的三个壁面（图片提供：Node）

● 三点透视

三点透视在室内设计中不常用。但会特别使用在挑高空间的俯视、仰视和鸟瞰图等（图片提供：Node）

鸟瞰图

表现视点高于顶棚时看到的效果。适用于表现多个空间连接和大规模空间等的整体效果

等角图

适用于把握空间、门窗、设备和家具等的关联性，也能呈现透过空间前面墙壁的状态

3.2.3
效果图的构图和配景表现

制作效果图时有多个要点，其中构图尤为重要。

例如，在制作主要呈现动态印象的效果图时，要采用可以看到室内空间的正面和两个侧面墙壁的三面构图。此时，比起表现略微生硬的一点透视（平行透视），采用可以呈现变化的二点透视（成角透视）更好。

此外，要避免视线高度处于画面中心。展示地板和家具布局时，视线的高度（平视）要设定在顶棚高度的 2/3 位置。展示顶棚需要呈现稳重印象时，视线高度宜设定在顶棚高度的 1/3 位置。

通过这样的构图，效果图的表现宽幅也会变大。

为了提高效果图的表现力，另一个要素就是配景表现。

配景除了可以表现空间规模尺寸和强调远近外，还具有很好地传达只用空间表现难以理解的部分和强调概念印象的效果。

使用配景时，需要注意配置位置、大小及形状等几个要点。任何场合都要以室内空间作为主角来表现。

三面构图效果图

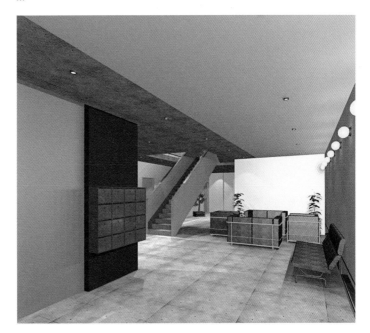

三面构图效果图能够生动地呈现画面。使用二点透视图，平视位置设定略高于中央位置

各种配景的表现

●空间规模感的表现

配置配景人物，根据人物的尺寸能够相对的推算出展示用具高度、顶棚高度及空间大小等（图片提供：node）

●远近感的表现

将距离近的配景尺寸放大，越往后面配景尺寸越小，通过这样的方式来表现远近感的效果图（图片提供：node）

●详细说明的表现

通过追加配景人物来说明空间内各部分的用途（图片提供：node）

配景使用的要点

●配景人物的视线高度

统一视线高度

将视线（配景人物的视线）高度设定在通常人眼高度（1.5m）的话，那么无论远近景站立的人的头部高度就会统一在相同高度。通过这样的方式能够自然地呈现空间。

将人物作为配景配置时的要点是通过降低饱和度、模糊白化设定等方式令人物不太突兀（图片提供：node）

●通过配景配置强调远近感

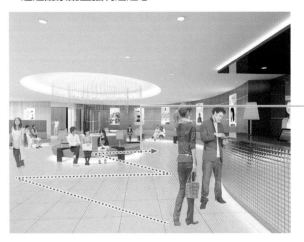

交错配置

将配景交错配置，更加能够强调远近感。另外，要避免在画面四角配置变形明显的立方体状配景（图片提供：node）

3.2
室内设计的效果图

3.2.3

3.3 演示用展板

在进行室内设计的过程中，需要将设计的方向性、风格以及室内设计具体的内容等展示给客户。这时就需要将效果图、照片及素材样本等进行版面设计，制作出传达视觉效果的演示用展板。

3.3.1 演示用展板的目的和种类

室内设计筹划的不同阶段会使用不同种类的演示用展板。在设计的最初阶段，使用能够传达大致风格和概念的概念板和印象板。随着设计的不断推进，还需要制做能够说明室内设计颜色和素材的彩色方案板，及能够说明窗饰和照明器具的装饰元素板等，从而更加具体展示详细内容。

需要印刷时，演示用展板一般采用 A4 纸张，展示时一般使用 A1、A2 尺寸。

过去是将剪下的效果图和照片等粘贴到板材和厚纸板上进行版面设计，但是近来大多在电脑上使用数字效果图和数码照片进行版面设计后再通过打印机等打印出来作为演示用展板使用。

各种演示用展板

● 概念板

需要在室内设计的初期阶段做成。表现室内设计的主题、方向性和目的。对于对象是谁、要做什么、具有哪些优势和效果，配合简洁的文字进行具体说明

● 印象板

与客户共享室内设计印象风格的初期阶段制作。利用现成的照片、插图和语言（关键字）等素材进行设计版面

● 彩色方案板

在室内设计的实施设计阶段制作。利用实物样品将每个房间的室内设计各部分素材和颜色进行总结，用于向客户传达整体装饰风格。由于要使用实物样品，因此不能使用电脑，要进行手工制作

● 装饰元素板

在室内设计的实施设计阶段制作。将窗饰、照明器具、设备机器及家具等元素进行总结。使用各元素的制造商的产品照片等记载尺寸、颜色及产品型号等

3.3.2
制作演示用展板的基本点

通过演示用展板主要向客户传达室内设计的整体风格，使客户更容易理解室内设计的具体内容，得到客户认可也是非常重要的。因此，要抓住风格的统一、网格、文字、留白与比例、说明方法等基本要点进行制作。

在室内设计过程中，常常需要制作多个演示用展板，即使每个演示用展板上表现的内容不同，但在整体的理念、颜色、字体及设计上需要统一。

在演示用展板上设定网格（方格），根据网格将效果图、照片及说明文字等整齐的排版。

说明文字与演示用展板的标题等要采用与室内设计风格相匹配的书写体（字体）。

另外，一张演示用展板上不要过多地填入图片和文字，应当适当地留有空白。

在制作演示用展板时，要始终牢记其功能是以更加容易理解的方式向客户传达室内设计。

制作演示用展板的基本点

风格的统一

如图所示，由于室内设计采用茶色和白色系的自然素材，因此演示用展板上也要使用茶色及体现自然风格的主题，使整体风格得到统一

说明文字

尽量使用相同的文字书写体（字体），同时还要确认字体大小是否合适

留白

不要过度填充图片和文字，要留有一定空白，这样更容易读取信息

以网格为基础的版面设计

在画面上设定网格，以此为基础对图片和文字进行排版。通过对图片大小和边框位置的调整，形成井然有序的画面结构

3.3.2

● 与室内设计风格相匹配的演示用展板字体 示例

由于是日式室内设计风格，因此在演示用展板上也使用日式字体来统一整体风格

● 使用留白效果示例

与白色基调的室内设计相匹配，留白设定较大的实例。使用图片的大小也要张弛有度

● 简单易懂的说明方法

使用多个效果图时，要将表现整体风格的效果图与说明细节功能的效果图区分排版。此时，必须在效果图的下方等处加上文字说明

● 平面布置图

使用表现局部室内设计的效果图时，要说明这个效果图是从哪个视点表现的整体中的哪个部分，因此要添加平面布置图（展示室内设计整体各位置的简略平面图）。通过在平面布置图中利用箭头等符号标出局部效果图的位置和视点，使人更加容易理解（图片提供：node）

3.4 | 软件

近来，数码机器和 IT 技术的飞速发展，除了主要用于工作和学习，也成为我们的日常生活不可或缺的一部分。在室内设计中也要用到计算机及 CAD、CG 软件等业务上不可或缺的各种软件。

3.4.1 室内设计使用的软件

现在，室内设计要使用各种软件。其中 CAD（Computer Aided Design）和 CG（Computer Graphics）软件是在电脑上进行室内设计必不可少的软件。

室内设计所使用的 CAD 软件分为二维平面设计使用的二维 CAD（2D CAD）和兼备二维平面设计与三维演示功能的三维 CAD（3D CAD）。最近，也常使用能够利用三维模型进行模拟环境和设施管理的 BIM（Building Information Modeling）软件。

CG 软件分为能加工照片、图片做成插图的二维 CG（2D CG）和能够做出立体造型及效果图的三维 CG（3D CG）。

除了 CAD 和 CG 等室内设计的基础软件以外，还有以研究平面布局等住宅系列的模拟软件为主，在电脑上研究人物活动、热和风的动向、照明器具及明亮度的模拟软件。

除了软件以外，数码相机、

CAD 软件的种类

二维 CAD

制作二维图纸时使用。将过去手绘的制图实现在电脑制作的软件。主要有 Jw cad 和 AutoCAD LT

AutoCAD LT软件的操作画面

三维 CAD

除了能够做出二维图纸，也能制作三维模型、策划方案等的 CAD。根据软件的不同，也有具备制作三维 CG、演示用展板及动画功能的软件。主要有 Vectorworks、AutoCAD 等

Vectorworks软件的操作画面

智能手机及平板电脑等也能够提高室内设计业务的效率。能够理解这些工具的功能，将其运用到业务中也非常重要。

伴随技术的发展，能够做出立体效果的 3D 打印机和全天球照相机、VR（Virtual Reality）等新型技术也在不断被开发。因此有必要了解这些新技术的动向。

BIM

由三维 CAD 发展而来的 3D 设计工具，具有模型属性，可以提取二维图纸、尺寸、材料的种类及数量等数据。提取的数据可以灵活使用在设计日程的制作、模型及管理等业务，从而提高整体的业务效率。主要软件有 ArchiCAD、Autodesk Revit、Vectorworks 等

ArchiCAD软件的操作画面

CG 软件的种类

二维 CG

数字图片的加工和插图等制作时使用。可以对图片和文本进行排版，制作演示用展板。主要软件有 Adobe Illustrator 和 Adobe Photoshop 等

Adobe Illustrator软件的操作画面

三维 CG

能够制作自由形状的 3D 模型和效果图。主要制作逼真照片（写实），还有手绘素描风等各种风格的效果图。根据软件的不同，还可以制作动画和立体模型（立体照片）。主要软件有 Autodesk 3ds max、SketchUp、Shade、Rhinoceros 等

Shade软件的操作画面

模拟软件的种类

住宅模拟

在布局平面图和立体模型以及研讨平面布局和效果图时使用。虽然不能制作详细图纸,但操作非常简单。也有专门面向室内设计的产品。主要软件有 3D家装设计师、室内设计师 Neo 等

室内设计师Neo软件的操作画面

解析模拟

能够模拟建筑物内部的照明亮度、温度分布、通风及采光等。一般读取 BIM 数据后使用。主要软件有 DIALux(照明模拟) 等

DIALux软件的操作画面(图片提供 : 远藤照明)

各种新技术

3D 打印机

读取计算机数据,利用石膏及树脂等素材制作成实物模型。与价格较贵的打印机相比,个人也可以购买的价格便宜的机型欠缺精密度,但可以用于制作家具和室内设计元素等的简易模型

利用3D打印机做成的住宅模型
(图片提供 : I-Jet)

全天球照相机

机身前后均设有镜头,能一次拍摄以摄影者为中心周围 360° 整体照片。例如,可以用来分析所在环境中颜色和素材的分布比例

利用全天球照相机THETA拍摄的360° 全景照片

VR

VR (Virtual Reality、虚拟现实) 是通过佩戴专用工具将计算机做成的空间模型,在人的周围虚拟呈现的系统。通常必须使用大规模设备和计算机,但用于电脑游戏的 OculusVR 只需个人电脑和专用眼罩状装置便可体验虚拟空间,与全天球照相机配合使用,未来会在更多领域发挥作用

立体映射技术

在平面等单纯形状的建筑物墙壁、道路及空间内进行投影图像和影像来构筑虚拟空间的系统。能够通过在主体结构空间和墙壁上投影内装和外装,从视觉上传达设计风格

3.4.1

第 4 章

一起体验室内
设计吧!

根据目前我们学习的内容基础，
一起来模拟体验下室内设计的业
务吧。 从接受客户委托开始，
经过听取客户需求、 方案企划，
到提出方案、 仔细研究。 一般
室内设计师是用怎样的程序来思
考， 怎样设计的， 这些都让我
们来体验一下吧!

4.1 模拟设计开始之前

在模拟室内设计之前，我们先来了解一下模拟需要做的事情及大概的流程及相关课题。

4.1.1 模拟设计的内容和流程

室内设计的业务在第1章中已经解说了，在接受客户委托后，经过听取客户需求、确定主题和策划方案，到提案展示，再到基本设计、实施设计和设计监理等业务。

在本章节中，会对上面所说的从听取客户需求开始到提案展示进行模拟。

各项业务都有其目的，与项目的规模无关，都是完成设计不可缺少的环节。在这里我们来重新确认下各业务的内容和要点吧。

模拟的内容和流程

业务的种类	目的	内容
 听取客户需求	发现课题	• 听取客户需求、梳理条件并整理 • 调查分析建筑物的位置和条件 • 掌握预算和时间节点
 确定主题	决定设计主题	• 决定设计方向，确定设计理念 • 用视觉图像和关键字整理方案和概念
 方案构思	方案具体化	• 以概念为基础，制作立面、楼层和照明方案等 • 将设计和室内搭配具体化
 提案展示	提案	• 使用企划书和演示用展板等演示资料，简单明了地向客户进行说明

4.1.2 模拟设计的课题

室内设计的业务是从接受客户委托开始的。需要做什么，在什么地方，想如何做等需要在理解和整理客户需求和委托内容后进行室内设计。

我们现在模拟接到客户 A 公司展厅室内设计的委托。理解和整理委托内容后再进行听取客户需求、确定主题、方案构思和提案展示工作。

客户 A 公司的委托内容（课题）

这次想做展厅的室内设计。主要是设计立面（入口）及展厅内部空间。

展厅展示的是以"20世纪中叶"为主题的家具和关联物品。展厅内不进行销售。
希望可以实现信息量大和充满个性的空间。

希望在与主题相符的展示商品的空间中，设置可以实际触摸商品的体验区和展示椅子等家具搭配方案的展区。

展厅位于商业大楼的一楼，因此在面向大路的位置设置入口会比较好。还有，位置可以自由选择。

A 公司委托内容（课题）的整理

设计对象	▪ 展厅的立面及室内空间
设计条件	▪ 信息量大和有个性的设计 ▪ 设置符合主题的展示区、体验区和搭配方案区
展示商品	▪ 20世纪中叶的家具和关联物品
位置选择	▪ 地域和场地自由。但必须是面向大路的商业设施的一楼
建筑概况	▪ RC造。面积：98m²；顶棚高度：3000mm

在实际业务中，需要具体决定涉及的商品、运营方法、目标客户群和开店地址等，然后根据这些条件推进室内设计。在此次模拟中，可以根据这些条件自行设定

课题建筑物的空间印象

● 平面图

● 展开图

● 鸟瞰图

● 效果图

4.2 | 听取客户需求及确定主题

整理好客户的委托内容后，设想下需要向客户聆听什么。另外，还需要探讨要做怎样的调查，然后再付诸实践！

4.2.1 通过听取意见和调查进一步明确要求和条件

好的设计不仅要外表美观，还要实现功能和富有寓意。要想实现好的设计，倾听和调查是必不可少的。为了切实掌握客户的要求，可以通过与客户沟通，了解更详细的委托内容和条件，明确客户喜好等。另外，用语言不容易表达的东西可以用素描等确认印象感觉。

使用网络的话，可以在办公室搜集各种信息，但是关于选址和建筑物本身，实际前往现场是很重要的。实地察看及调查建筑物和选地布局，除了记下特征和环境氛围等之外，留下照片和素描等记录也是很重要的。

需要听取 A 公司意见的项目

展厅的目的？

商品计划？

A公司有哪些竞争对手？

目标客户群？

到展厅开业前的日程安排？

为什么选择所涉及的商品？

展厅设计的预算？

定位的设计风格或者喜好？

设计师

客户

听取客户需求时，从多种不同的角度深入地了解客户很重要。以此为基础明确项目的背景，再进行整理

调查项目

关于展示商品
20 世纪中叶具有怎样的特征和风格？

※ 在本次模拟中，可以自由选择具体展品。

关于建筑物
建筑物的规模（面积、顶棚高度等）？
什么构造？
什么形状？
什么样的环境氛围？

有关展厅的选地布局
※ 由于在本次模拟中可以自由选址，以下两种方法中的一种来考虑。
①先选址，然后选择与之匹配的商品。
②选择商品，然后选择与之匹配的地址。

根据听取的客户需求、调查收集的资料和以往的经验，综合整理条件，找到课题和设计主题要素

调查示例

●建筑物选址调查示例

列举出适合作为展厅的多个地点，调查各选址的风格印象、文化因素、环境和便捷性等。最好从调查时开始考虑可以表现该地点的关键词

●商品调查示例

展厅所展示的"20世纪中叶"风格相关的调查案例。将风格形成过程、风格的特征、代表设计师和家具等相关调查结果用照片和插图交叉的形式整理

4.2

听取客户需求及确定主题

专栏	实际业务中进行听证和调查的基本项目	
客户需求	住宅	年代、家庭组成、生活方式、兴趣爱好等
	商业设施	企业概况、公司战略、销售计划、商品计划等
	日程安排、预算及其他要求	
选址特征	选址的印象感觉、传统文化、环境、交通及便捷性等	
建筑物特征	构造、形状、规模、位置、尺度感及氛围等	
其他	商业设施	竞争设施和店铺、目标消费群体等

在实际业务中，根据客户、地点和建筑物的不同，听取和调查的项目也各不相同。一般左侧表中的项目是通过听取意见和调查应该明确的项目。

4.2.1

4.2.2
在确定设计主题阶段将设计方向具体化

在第 1 章（P.025）中也讲解过，确定设计主题是指通过语言和描绘（照片和素描）等来表现室内设计的基本想法和方向性。向客户和相关人员简单易懂地传达和共享设计意向是必不可少的。

在确定主题阶段，使用语言（关键词、短语和宣传标语）、手绘和概念照片等将课题相关的想法具体呈现出来。首先需要提出多种想法，向着更好的设计方向推敲方案，确定主题。然后，将这个想法用语言和视觉手段表现出来。

确定主题的示例

●例 1 │ 世界的 20 世纪中叶

经常在同一范畴内讨论的 20 世纪中叶设计和北欧设计，实际上诞生地点和设计风格不同。示例中的提案以"交织"为主题，对 20 世纪中叶诞生的设计按地区展示不同的设计风格

●例 2 │ 婴儿潮与 20 世纪中叶的设计

与 20 世纪中叶设计同时期出生，现在已经步入老龄的一代人。无论是人还是设计都见证着一个时代，展示可以以历史背景与老年人的新生活方式为主题

第 4 章　一起体验室内设计吧！

4.2　听取客户需求及确定主题

4.2.2

167

4.3 | 方案构思

根据概念考虑具体室内设计是方案构思。方案构思指的是应该如何使用和演绎空间全体，将其具体化的过程。因此，需要考虑建筑物的限制、相关法规和成本等条件。开始，先按照用途将空间进行大"分区"，之后再推进平面方案、立面方案和照明方案等细节室内设计。

4.3.1 考虑分区

分区指的是将空间根据功能及用途整理、分析和高效配置。

分区有同层多个分区、同层为一个分区的平面分区，和上下多层为一个分区的垂直分区。无论哪种情况，分割空间时要考虑功能的连续和效率等，这是非常重要的。

在本次模拟中，我们根据客户的要求，将空间分为主题相关商品展示区、触摸商品体验区和搭配方案区。根据前面章节确定的不同设计主题，需要注意的是分区也会发生变化。

分区示例

● 例1 | 将空间分为两个区域的分区

此分区方案是以前面章节 4-2-2 中确定的设计主题为基础的分区。将空间大体分为"20世纪中叶设计"（美国）和"北欧设计"两个区域，中央设置"日本区"。也是考虑了实际地理位置的分区。展示物品固定在墙面上，中央规划为人与人自由交流和走动的空间。在展厅入口处将美国和北欧的设计分左右展示，在展厅深处将两种设计风格交叉展示，体现出设计的"交织"

为将入口和出口明确分开，让来客按照时间顺序参观展厅和控制人流方向的分区方式。中央设置大的"岛"来控制人流走向，里面设置人群可以停留的体验区，这样看展览的人群和体验的人群不会混在一起

4.3.2 考虑平面布局

根据分区考虑平面布局。平面布局指的是加入功能的平面方案。根据展品的展示方式，合理地排列展台和过道。需要在了解行为动作和实现功能所需尺寸的基础上，设定过道宽度和展台尺寸。这时不仅需要考虑平面尺寸，还应该立体地考虑空间的通透感、人们的观赏方式和如何吸引注意力等。另外不仅要具备功能性，还要考虑如何让展示带给大家愉悦美好的视觉感受。

一边思考立体空间，一边构思方案

在进行平面布局时，应时刻思考立体空间的概念，这一点非常重要

平面布局图例

● 例1 │ 靠墙和中央设置陈列的平面布局图

体现个性生活方式的家具和软装的搭配方案区

把在日本也很活跃的柳宗理和野口勇设计的家具设置在美国与北欧风格的中央

将美国和北欧设计师的家具分左右进行陈列。家具按照年代顺序陈列在正面和侧面，通过架子上下层来呈现颜色和素材的不同

陈列埃姆斯（美国）的纤维玻璃椅

这里陈列与入口相同的展品。与入口不同的是通过美国和北欧的椅子交叉摆设来呈现交织感

可以触摸家具和坐在椅子上的体验区。通过朝内、朝外的圆周形摆设，使过道上的人与体验区的人形成交织感

陈列阿尔内·雅各布森（北欧）的蚂蚁椅（素材：木材）

以美国的20世纪中叶设计与北欧、日本的设计"交织"为概念的空间布局。在入口处，美国和北欧的设计分左右陈列，但随着步入展厅内侧逐渐"交织"。只供欣赏的展品陈列在墙壁上，通过上下方向呈现设计、颜色及素材的不同。体验区和搭配方案区定期更换主题

● 例2 │ 靠墙陈列的平面布局图

主题：新材料创造新设计

导入部：埃姆斯区

将整体划分为三个主题，用流动的墙壁进行衔接。导入部陈列埃姆斯的作品。在中央区介绍利用新材料创造新设计的事例，最里面的区域是对使用20世纪中叶风格家具的生活方式的展示

主题：20世纪中叶的生活方式

4.3.3
考虑照明方案

照明方案就是通过灯来展现空间的照明计划。分为确保明亮度的功能照明和提高光影效果的照明。展厅需要使用避免展品产生阴影并且能够看清楚每个细节的充分照明，另外能够使展品更加完美地呈现也是非常必要的。

要根据空间使用目的来制定照明方案，例如选择更换展品时能自由调整的照明器具，选择符合展示主题的、能够调整的空间整体照明器具等。

选择照明器具时，分为具有装饰目的的使客人能够看到的，以及确保照明度不需要客人注意到的两个种类，应该分开研讨方案。

照明方案示例

● 例1 | 灵活照明方案

筒灯（DL）采用（能够改变照射角度的）通用类型

顶棚间接照明在中央设置穿孔金属板，呈现如同从树叶空隙照射进来的阳光般的光线

展示架上设置布线槽和聚光灯。展示架下面也设置照明

剖面图

中央设置柔和的间接光照亮空间整体，通过穿孔金属板来表现如同从树叶空隙透进来的阳光般的光线。通过在展示架上设置聚光灯和架子下方设置照明，使展品如同浮在空中一般。方案区的展台和展示屏幕要配置能够变换光的方向的通用型筒灯。间接光能够调节光线，呈现与展示内容相匹配的方案

● 例2 | 说明照明设置方案的概念板

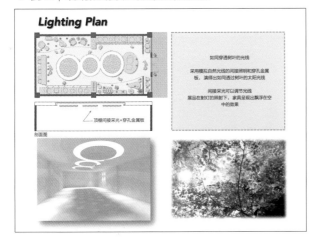

如上图的照明设置方案，仅仅通过标注照明器具难以完全传达照明方案的意图。因此，通过概念板详细地说明照明器具的选择方法、探讨事项、颜色设定及其设定依据以及每个区域的照明设计思路等，使方案更加清晰易懂

4.3.4
制作效果图

以方案为基础制作立体效果图。效果图是后续展示阶段必不可少的要素，除了能够确认设计整体的协调感，还能够模拟空间。制做时不要忘记在第3章的效果图（p147）中解说的要点。

效果图的制作按照功能分为说明整体空间的代表效果图和说明局部细节的局部效果图。

由于代表效果图需要表现设计理念，制作时要慎重的选择能够传达整体空间感的视角。

利用局部效果图能够个别说明代表效果图无法表现的要素。

● 例 1 │ 立面效果图

虽然立面效果图主要表现商铺正面的设计，但是由于立面设计与室内设计是一体的，因此最好自然地表现出内部的室内设计

● 例 2 │ 展厅内部效果图

上图为代表效果图，下图为局部效果图。代表效果图要选择能够传达整体的构图（视角）。下图是为了对三个区域中的一个进行说明而制作的局部效果图

4.4 | 演示企划案

主要通过听取意见、确定主题、方案构思形成的设计，为了向客户陈述并得到认可时，需要展示企划案。

4.4.1 制作演示企划案的资料

在第3章的"演示用展板"（p153~）中解说过，制作企划案资料时，如何更加简单易懂地向客户传达室内设计意图是最重要的。因此，制作演示用展板和企划书时，在视觉方面要做到清晰易懂。另外，引人注意的、容易理解的表达方式也是非常重要的因素。

我们假定要制做概念板、平面布局、照明计划、立面设计和展厅内部效果图5个企划板，利用5分钟时间向客户展示企划案来进行实际说明。

企划案资料的制作示例

● 概念版示例

从作为主题的20世纪中叶时代背景来考察这种设计风格的存在意义。另外，通过代表20世纪中叶设计的成型胶合板引出设计主题

● **平面布局板示例**

以具有美国 20 世纪中叶设计特征的自由曲面来体现"流动的空间"这一设计主题。整体划分为三个区域，导入部分的展台则以美国 20 世纪中叶代表性的设计师埃姆斯的作品为主题。中央区域将"新素材创造新设计"作为主题，明确如何利用新型材料创造新的设计。最里面的区域通过"对超高龄社会生活方式的提案"来提出使用该设计风格家具的生活方式

● **展厅内部效果图板示例**

与图中的家具风格一致，展板以"休闲"作为形象风格，室内设计也是以休闲风格为主。伴随这个主题风格，企划板也采用休闲色彩与其统一。平面布局方案中标注了是从哪个视角看到效果图的，使其更加简单易懂

:::: 索引

英文、数字

CAD ·························· 156
CG157
GL工法 ······················· 90
I形（厨房）·················· 43
LED灯 ······················· 66
LGS工法（轻钢龙骨基层）········ 90
LVL（单板层积材）············ 110
L形（厨房）·················· 43
P瓷砖（地板）··············· 102
SRC（钢骨钢筋混凝土构造）········ 86
S造（钢骨构造）·············· 86
U形（厨房）·················· 43
VMD（视觉营销）············11,31
VR158
VMD ·····················11,31
2 X4构法 ···················· 87
3D打印 ····················· 158

暗灯槽照明···················· 63
暗柱墙······················· 89
凹凸线脚···················· 105

白炽灯······················· 65
百叶窗······················· 95
百叶卷帘····················· 46
百褶步帘····················· 46
摆放架······················· 39
板材（金属）················· 112
板门························· 94
板式木结构··················· 86
办公空间······················ 9
半岛型（厨房）················ 43
北欧（形象风格）·············· 51
贝壳状（窗帘）················ 47
壁灯·······················45,62
壁纸饰面（墙）··············· 104
壁桌························· 38
标识························· 11
表现力······················· 28
波长························· 55
玻璃························ 116
玻璃门······················· 94
玻璃纤维板（顶棚）············ 105
补色························· 59
不带扶手的靠背椅·············· 37
不规则拼法（地板）············ 99
不锈钢（加工）··············· 113

不锈钢（加工）··············· 113
布卷帘······················· 46

材料方案····················· 33
彩度························· 57
餐具（尺寸）················· 76
餐厅（大小）················· 83
餐饮店····················13,85
餐饮店（大小）················ 85
餐桌························· 38
餐桌（尺寸）················· 81
厕所························· 43
茶几························· 38
茶室························· 53
产品设计····················· 48
常用颜色····················· 58
陈列（尺寸）················· 78
陈列架（货架）················ 42
尺寸························· 69
尺寸（图面）················· 137
冲压件····················· 113
厨房························· 43
厨房专业顾问·················· 24
橱窗模特····················· 42
橱窗模特····················· 42
储藏（尺寸）················· 78
储藏家具····················· 39
窗户························· 95
窗帘····················36,46,47
窗饰······················46,138
床························· 40
床头板（床）················· 40
床头柜······················· 38
垂直推拉窗··················· 95
瓷砖························ 118
瓷砖饰面（墙壁）·············· 104

带扶手的座椅·················· 37
单层地板····················· 98
单开门······················· 93
单斜顶······················· 91
等角图（透视图）·············· 149
地板························· 98
地板构成····················· 31
地脚灯······················· 62
地面······················36,88,98
地面基层····················· 88
地面饰面····················· 98
地毯······················36,100

地毯的固定方法················ 101
电气设备···················· 140
店铺概念····················· 30
吊灯（照明器具）············44,61
顶棚·····················36,91,105
顶棚基层····················· 91
顶棚饰面···················· 105
顶棚仰视图··················· 130
斗柜························· 39
断缘顶······················· 91

发光顶棚照明·················· 63
方案·····················25,26,166
方格拼法（地板）·············· 99
非架空式地板基层·············· 88
分段式（窗帘）················ 47
分区························· 31
分区方案···················· 166
服务型店面··················· 15
服装（尺寸）················· 77
福利住宅环境策划顾问············ 24

概念板····················· 152
概念板····················· 152
钢筋混凝土构造················ 86
高下摆式（窗帘）·············· 47
哥特式······················· 54
割绒型（地毯）··············· 100
个人空间····················· 74
公共空间小品·················· 34
功能尺寸····················· 71
供水供热水设备··············· 139
构图（透视图）··············· 150
构造························· 86
古典（形象风格）·············· 50
固定窗······················· 95
挂衣架······················· 42
管（金属）··················· 112
管理能力····················· 28
光的三原色··················· 56
光谱························· 55
光源························· 65
规则拼法（地板）·············· 99
滚刷饰面（墙壁）·············· 104

弧形顶······················· 91
黄金位置····················· 78
混凝土基层（墙壁）············ 104

活动尺寸……………………72
活动尺寸……………………72
活动空间……………………73

基层处理（墙壁）…………106
基础色………………………50
集成材料……………………112
挤压成型（塑料）…………117
记号（图面）………………139
加法混色……………………58
加工木材……………………112
家电设备………………138,141
家具…………………38,39,137
家具图………………………133
家装设计师…………22,23,25
夹板门………………………96
架空型地面基层……………90
间接照明……………………65
减法混色……………………58
建筑化照明…………………65
建筑基准法…………………124
建筑士………………………25
建筑主体……………………88
胶合板………………………112
角线…………………………38
脚凳…………………………39
金属…………………………114
金属加工……………………115
金属口（照明器具）………68
径切面………………………110
静态的人体尺寸……………71
居住空间………………11,12
局部（辅助）照明…………64
距离（对人）………………76
均匀照明……………………64
均匀照明……………………65

咖啡馆式（窗帘）…………49
开口部………………………136
可叠放（椅子）……………39
可联结（椅子）……………39
可视光线……………………57
可折叠（椅子）……………39
客厅（大小）………………86
客厅（电视）柜……………41
空间设计……………………10
框架结构……………………89
阔叶树………………………108

拉门…………………………95
类似色………………………61
冷色系………………………62
立面（设计）………………13
立面规划……………………34
立面图………………………132
立视图………………………35
立体作业区域………………72
立转窗………………………97
零售商店……………………16
龙骨型………………………90
卤素灯………………………68
罗马帘………………………48
洛可可………………………56
落差顶………………………93
落地窗………………………98
落地灯……………………47,64
绿色植物……………………38

满铺地毯……………………103
门……………………………96
门（商业设施）……………98
门（住宅）…………………95
门窗…………………………95
米制模数……………………81
明度…………………………59
明柱墙………………………91
模拟软件……………………160
模数…………………………71
模数…………………………81
模数…………………………81
木表面………………………111
木材…………………………108
木材的变形…………………111
木材的加工…………………112
木构造………………………88
木里面………………………111
目标客户群…………………32

内装规划师…………………25
鸟瞰图（透视图）…………151
暖色系………………………62

欧式水晶吊灯……………47,63

刨花板………………………112

配光…………………………70
配景（透视图）……………152
喷涂饰面（墙壁）…………106
飘窗…………………………98
拼花地板……………………100
拼块地毯……………………103
平顶棚………………………93
平放展架……………………44
平面布局板…………………174
平面方案………………34,169
平面图………………………131
平台货架……………………44

企划案资料……………32,173
墙…………………38,91,106,136
墙壁构造…………………89,91
墙壁基层……………………91
墙壁饰面……………………106
墙裙…………………………38
圈绒型（地毯）……………102
全体照明……………………63
确定主题……………………167

热固性树脂…………………116
热塑性树脂…………………116
人体尺寸……………………71
人字形拼法（地板）………101
日式（形象风格）…………53
日式轴组工法………………89
软件…………………………158

色彩…………………………57
色彩…………………………58
色彩的对比…………………61
色彩的三原色………………58
色彩的视认性………………61
色彩计划……………………50
色彩计划……………………50
色彩计划板…………………155
色彩样本（色见卡）………60
色调…………………………59
色温…………………………69
色相…………………………59
色相环………………………59
沙发…………………………39
商业空间…………………11~13
商业设施师…………………25
上滑道拉门…………………99

索
引

上悬窗⋯⋯⋯⋯⋯⋯97
设备机器⋯⋯⋯⋯⋯138
设计监理⋯⋯⋯⋯⋯27,28
社会离心空间⋯⋯⋯⋯77
社会向心空间⋯⋯⋯⋯77
射灯⋯⋯⋯⋯⋯⋯47,64
伸缩式（桌子）⋯⋯⋯40
石膏板基层（墙壁）⋯106
石膏吸声板（顶棚）⋯107
室内部品及用品的设计⋯36
室内软装⋯⋯⋯⋯38,43
室内设计师⋯⋯⋯⋯22,23
室内设计制图通则⋯144
室内造型设计师⋯⋯22,24
手绘透视图⋯⋯⋯⋯148
书院造⋯⋯⋯⋯⋯⋯54
树脂材料地板⋯⋯⋯104
树脂瓷砖（地板）⋯104
树脂地砖⋯⋯⋯⋯104
树脂卷（地板）⋯⋯105
树脂卷材⋯⋯⋯⋯105
竖向卷帘⋯⋯⋯⋯48
数寄屋造⋯⋯⋯⋯55
数字透视图⋯⋯⋯⋯148
双层地板⋯⋯⋯⋯100
双开（门）⋯⋯⋯⋯95
双开式弹簧门⋯⋯⋯99
水平作业区域⋯⋯⋯72
塑料⋯⋯⋯⋯⋯⋯116
塑料成型方法⋯⋯⋯117

台灯⋯⋯⋯⋯⋯⋯47
台灯⋯⋯⋯⋯⋯⋯64
套叠式（桌子）⋯⋯40
踢脚板⋯⋯⋯⋯⋯38
提案能力⋯⋯⋯⋯30
天窗⋯⋯⋯⋯⋯⋯97
条顶⋯⋯⋯⋯⋯⋯107
贴面装饰板⋯⋯⋯113
听取客户需求⋯27,28,165
同类色⋯⋯⋯⋯⋯61
同调色⋯⋯⋯⋯⋯61
筒灯⋯⋯⋯⋯⋯47,63
效果图⋯⋯⋯⋯⋯150
效果图⋯⋯⋯35,148,172
效果图板⋯⋯⋯⋯174
图面⋯⋯⋯⋯⋯⋯130

图面的比例尺⋯⋯⋯134
图面的尺寸⋯⋯⋯134
涂料⋯⋯⋯⋯⋯122,140
涂抹饰面⋯⋯⋯⋯106
涂饰⋯⋯⋯⋯⋯⋯122
涂饰方法⋯⋯⋯⋯123
推拉门⋯⋯⋯⋯⋯99

碗橱⋯⋯⋯⋯⋯⋯41
碗橱（尺寸）⋯⋯⋯79
文字（图面）⋯⋯⋯139

吸顶灯⋯⋯⋯⋯46,63
洗面台⋯⋯⋯⋯⋯45
纤维板⋯⋯⋯⋯⋯112
弦切面⋯⋯⋯⋯⋯110
现代（形象风格）⋯⋯52
线（图面）⋯⋯⋯⋯135
乡村风格（形象风格）⋯52
镶木拼接（木板）⋯101
详细图⋯⋯⋯⋯⋯133
消防法⋯⋯⋯⋯⋯126
消费者相关法规⋯⋯128
小块地毯⋯⋯⋯⋯38
新艺术派⋯⋯⋯⋯56
形榫接木拼接（地板）⋯101
形象风格⋯⋯⋯⋯52
型材（塑料）⋯⋯⋯116
休息室⋯⋯⋯⋯⋯36

压缩成型（塑料）⋯117
亚洲风格（形象风格）⋯53
颜料⋯⋯⋯⋯⋯⋯58
檐板照明⋯⋯⋯⋯65
演色性⋯⋯⋯⋯⋯70
演示企划案⋯⋯27,32,173
演示用展板⋯⋯⋯154
样式⋯⋯⋯⋯⋯⋯54
腰窗⋯⋯⋯⋯⋯⋯98
业态⋯⋯⋯⋯⋯14,18,19
业种⋯⋯⋯⋯⋯⋯14,20
椅子⋯⋯⋯⋯⋯⋯39,82
椅子（尺寸）⋯⋯⋯82
英制模数⋯⋯⋯⋯81
荧光灯⋯⋯⋯⋯⋯67

浴室⋯⋯⋯⋯⋯⋯45
圆形顶⋯⋯⋯⋯⋯93

栅格吊顶⋯⋯⋯⋯107
展开图⋯⋯⋯⋯⋯130
展示图⋯⋯⋯⋯⋯133
展示用具⋯⋯⋯⋯44
长条型材（金属）⋯114
照明⋯⋯⋯⋯⋯⋯65
照明方案⋯⋯⋯⋯34,171
照明器具⋯⋯38,45,67,143
照明设计师⋯⋯⋯24
照明组合⋯⋯⋯⋯66
折叠顶⋯⋯⋯⋯⋯93
折叠门⋯⋯⋯⋯⋯95
折叠式（桌子）⋯⋯40
针叶树⋯⋯⋯⋯⋯108
真空成型（塑料）⋯117
整体家具⋯⋯⋯⋯41
支架型⋯⋯⋯⋯⋯90
直接照明⋯⋯⋯⋯65
直贴型⋯⋯⋯⋯⋯90
职种⋯⋯⋯⋯⋯⋯20
制图规则⋯⋯⋯⋯134
中间分开式（窗帘）⋯49
中空成型（塑料）⋯117
中世纪（形象风格）⋯53
重点色⋯⋯⋯⋯⋯50
重叠交叉式（窗帘）⋯49
舟底顶⋯⋯⋯⋯⋯93
主色⋯⋯⋯⋯⋯⋯50
住宅设备⋯⋯⋯⋯45
注塑成型（塑料）⋯117
铸造材料（铝）⋯⋯115
装饰派艺术⋯⋯⋯56
装饰元素板⋯⋯⋯155
桌子⋯⋯⋯⋯⋯40,84
桌子（尺寸）⋯⋯⋯84
桌子（高度）⋯⋯⋯84
资格⋯⋯⋯⋯⋯⋯25
子母门⋯⋯⋯⋯⋯95
自动门⋯⋯⋯⋯⋯98
自然（形象风格）⋯52
组合家具⋯⋯⋯⋯41
坐凳⋯⋯⋯⋯⋯⋯39

作者、审校者简介

Aiprah　藁谷美纪

Aiprah 株式会社董事长、家装设计师。

从事商业设施室内设计的规划和监理，还有住宅和商铺的改造设计业务。

根据相关从业经验，成立了提供 CAD 设计业务的专业教育和协助的 Aiprah 株式会社。

兼职在室内设计学校和大学执教。主要著作有《从 Vectorworks 开始，彻底掌握改造用 CAD 指南》（共同编著、技术评论社出版）、《从 Google SketchUp 开始免费 3D 建模》（技术评论社出版）、《Vectorworks 完美指南 2013/2012/2011 版本》（翔泳社出版）等。

河村容治

东京都市大学都市生活学部教授、博士（美术）、一级建筑师、日本室内学会理事。

1950 年生于大阪府界市；东海大学硕士毕业后，就职于下元连等设计事务所，1993 年独立创业。

除从事设计工作外，也倾力于 CAD 和 CG 的室内设计教育。主要著作有《建筑设计资料汇编（室内设计）》（共同编著、丸善出版）、《家装设计手册 统合版》（共同编著、室内产业协会出版）、《家装设计师 培训手册》（BNN 新社出版）等。

译者、审校者简介

曹祎杰

中国建筑学会适老性建筑学术委员会委员，北京维石住工科技有限公司创始人。以"用科技改变中国住宅装修方式"为使命，长期致力于装配式住宅工业化内装技术集成设计与应用研究，并参与多项国家和行业相关标准的制定。

尹红力

毕业于日本京都造型艺术大学建筑与环境系，就职于日本株式会社市浦 H&P 建筑设计公司；归国后在辽宁城市建设职业技术学院任教至今。

曹鑫珏

毕业于日本东京大学建筑学科，师从隈研吾。在鹿岛建设负责综合体开发，后于美国杜克大学取得 MBA 学位；现在美国负责地产股权私募投资。

姜延达

毕业于日本名古屋工业大学建筑系，就职于日本株式会社 ria 建筑设计公司（中文名：立亚设计）；现担任同公司日本总部中国事业开发部 主任，中国分公司副总经理职务。

孙力扬

蒙特利尔大学建筑学硕士（MSc.A），早稻田大学工学硕士（M.Eng）。现任清华大学无障碍发展研究院设计总监，著有《景观与建筑：融于风景和水景中的建筑》。

著作权合同登记图字：01-2018-6464号

图书在版编目（CIP）数据

超级图解室内设计入门/（日）藁谷美纪（Aiprah）
著；北京维石住工科技有限公司译. —北京：中国建
筑工业出版社，2020.10
（国外室内设计丛书）
ISBN 978-7-112-25459-0

Ⅰ.①超… Ⅱ.①藁… ②北… Ⅲ.①室内装饰设计
－图解 Ⅳ.①TU238.2-64

中国版本图书馆CIP数据核字（2020）第177953号

CHOU ZUKAI DE ZENBU WAKARU INTERIOR DESIGN NIUMON
©Aiprah, Ltd 2014
Originally published in Japan in 2014 by X-Knowledge Co., Ltd.
Chinese（in simplified character only）translation rights arranged with
X-Knowledge Co., Ltd.

本书由日本株式会社X-Knowledge授权我社独家翻译出版发行。

责任编辑：孙书妍　刘文昕
责任校对：姜小莲

国外室内设计丛书
超级图解室内设计入门
［日］藁谷美纪（Aiprah）　著
北京维石住工科技有限公司　译
［日］河村容治　审定
孙力扬　审校
＊
中国建筑工业出版社出版、发行（北京海淀三里河路9号）
各地新华书店、建筑书店经销
北京锋尚制版有限公司制版
北京富诚彩色印刷有限公司印刷
＊
开本：787毫米×1092毫米　1/16　印张：11¼　字数：272千字
2021年2月第一版　2021年2月第一次印刷
定价：88.00元
ISBN 978－7－112－25459－0
（35196）
版权所有　翻印必究
如有印装质量问题，可寄本社图书出版中心退换
（邮政编码 100037）